高职高专“工作过程导向”新理念教材 计算机系列

# C语言程序设计项目化教程

屠莉 周建林 刘萍 苏春芳 坎香 编著

清华大学出版社
北京

## 内 容 简 介

本书以计算机相关专业岗位需求和行业编程规范为基础，以“学生成绩管理系统”作为教学项目，基于“项目导入、任务驱动”的教学模式，以工作过程系统化的项目化教材的设计思路来组织内容。本书主要内容包括C语言的基本语法、数据类型、程序基本结构、算法流程图，程序编码、调试及运行机制、数组、函数、结构体及指针、文件等。

本书将项目划分为3个版本：先搭建项目骨架，再逐个填充项目模块，完成基于数组实现的项目版本1；基于指针结构体重构的项目版本2；基于文件继续重构的项目版本3。将C语言所有相关知识点融入对应版本的模块任务中。引导读者通过一个项目的3个版本的不断重构学习和实践的过程中完成函数、数组、指针结构体、文件等难点的理解，并掌握模块化编程思路，提高程序开发能力。

本书的特点是基于软件开发流程、由易到难、不断重构项目的过程中让读者在“做中学，学中做”，逐步掌握C语言程序设计知识和开发技能。

本书可作为本科院校、高职高专院校计算机相关专业的教材，也可作为广大学习C语言程序设计与编程开发人员的参考用书。



**图书在版编目(CIP)数据**

C语言程序设计项目化教程/屠莉等编著. —北京：清华大学出版社，2017(2020.8重印)
(高职高专“工作过程导向”新理念教材. 计算机系列)
ISBN 978-7-302-45496-0

Ⅰ. ①C… Ⅱ. ①屠… Ⅲ. ①C语言—程序设计—高等职业教育—教材 Ⅳ. ①TP312.8

中国版本图书馆CIP数据核字(2016)第275134号

**责任编辑：** 孟毅新
**封面设计：** 傅瑞学
**责任校对：** 刘 静
**责任印制：** 宋 林

**出版发行：** 清华大学出版社
**网 址：** http://www.tup.com.cn，http://www.wqbook.com
**地 址：** 北京清华大学学研大厦A座 **邮 编：** 100084
**社 总 机：** 010-62770175 **邮 购：** 010-62786544
**投稿与读者服务：** 010-62776969，c-service@tup.tsinghua.edu.cn
**质量反馈：** 010-62772015，zhiliang@tup.tsinghua.edu.cn
**课件下载：** http://www.tup.com.cn，010-62770175-4278
**印 装 者：** 小森印刷霸州有限公司
**经 销：** 全国新华书店
**开 本：** 185mm×260mm **印 张：** 12 **字 数：** 272千字
**版 次：** 2017年4月第1版 **印 次：** 2020年8月第4次印刷
**定 价：** 36.00元

产品编号：069944-02

# 前言

“程序设计基础”(C语言程序设计)是高职软件专业一门重要的专业必修课程,课程实施的目标为:使学生掌握基本的编程思想和模块化的编程思路,能够使用C语言进行程序设计和软件开发;同时培养学生养成良好的学习习惯和学习兴趣,培养团队协作和自主学习能力,为后续其他专业课程的学习打下良好的学习基础。

传统的学科式课程知识体系不适合当前的职业教育。高职学生普遍抽象逻辑思维能力较弱,却具有较强的形象思维能力,适合“在做中学”,不适应以知识逻辑为中心的学科课程学习。以知识点为中心的授课,各个知识点分散,难以串联起来,缺少完整性,学生学完后难以应用。而且琐碎枯燥的知识难以引起学生的学习兴趣。因此,作者在高职软件专业教学中,一贯坚持“项目引导、任务驱动”的教学模式,旨在使学生不但学会知识,更要学会应用知识完成实际项目。编者将课程内容重新设计,基于工作过程系统化的项目化教材的设计和编写思路,以“学生成绩管理系统”作为教学项目,将项目划分为六大模块和若干任务,将C语言的所有相关知识点融入对应的模块任务中。

在教学项目的分解和设计中,采用的是将模块化编程的思路贯穿整个项目的构建过程中。将函数的概念提前到项目初级阶段,提前灌输模块化的编程思路,将函数的设计与调用贯穿在整个教学过程中,培养学生模块化程序设计思路。先搭建项目骨架,再逐个填充项目模块,完成数组实现的项目版本1。再通过用指针结构体重构项目版本2,以及用文件继续重构项目版本3。通过项目的不断重构,可以让学生反复学习和理解函数的定义和使用,即模块化的编程思路,同时也可以让学生通过一个项目的3个版本的不断学习和实践完成数组、指针结构体、文件等难点的理解和掌握,并能够进行项目化的编程,提高应用能力。

本教材基于革新的教学方案,按项目开发流程组织各模块,并将任务组织在相关的模块中。模块一:学生成绩管理系统需求分析和设计,使学生对课程的能力目标有一个总体的认识;模块二:项目的数据定义及运算,对系统所使用到的数据类型和相关运算,以及相关设计规范,进行阐述,引入标识符、数据类型和运算符的概念;模块三:项目用户菜单设计,进行逐步递进的设计与实现,引入输入/输出、选择和循环控制的概念;模块四:学生成绩管理,实现班级学生成绩的添加、浏览、统计、排序和查询,引入函数的设计和调用、数组,及相关的排序等算法;模块五:项目重构

1——结构体和指针，用结构体重构系统的数据类型，引入结构体和指针的概念；模块六：项目重构 2——文件，用文件实现系统的输入/输出，引入文件的概念。

各模块中，包含实现此模块所需的所有逻辑相关的任务，在各任务中均包含：此任务的任务描述与分析；相关知识与技能；任务实施（自然算法、流程图、数据结构、编码算法、具体实现、运行分析）；拓展训练（对一些经典的算法，如穷举、迭代、递归等，进行分析，要求学生自行完成，以拓展学生的算法设计能力）。

本书紧密结合项目化课程教学改革，既满足了对项目整体能力的训练要求，又兼顾对基础理论和算法的学习要求。本书项目引导、任务驱动，通过仿真项目开发流程，设计逻辑相关的模块和任务。通过将项目划分为六大模块，17 个任务。重构程序设计的理论知识，寓理论知识于项目任务实践中，实现“教、学、做”一体化。

本书的主要创作团队为课程组的屠莉、周建林、刘萍、苏春芳、坎香。包芳对本书进行了细致的总审。当然也离不开家人和其他领导同事的关心与支持，在此一并表示真挚的感谢！

由于编者水平有限，书中难免有不足之处，希望广大读者批评指正，并提出宝贵的意见和建议。（编者邮箱：yzutuli@163.com）

编　者

2017 年 2 月

# 目录

# 学生成绩管理系统需求分析和设计

随着教育信息化的日益深入，传统的人工管理成绩的方式效率低下，因此设计一个"学生成绩管理系统"对学生成绩进行信息化管理非常必要。本模块主要完成学生成绩管理系统的需求分析和设计以及项目开发环境的搭建。需求分析是指对要解决的问题进行详细的分析，弄清楚问题的要求，包括需要输入什么数据、要得到什么结果、最后应输出什么。该阶段就是确定要计算机"做什么"。设计阶段是要把"做什么"的逻辑模型转变为"怎么做"的物理模型。该阶段描述了软件的总体结构，然后对结构进行细化。本模块主要采用软件工程的思想完成项目的需求分析和设计，并搭建好项目开发环境，并对C语言程序设计有一个初步认识。

**【工作任务】**

(1) 任务1-1：项目需求分析。

(2) 任务1-2：项目设计。

(3) 任务1-3：项目开发环境搭建。

**【学习目标】**

(1) 掌握软件工程的相关知识。

(2) 理解并掌握项目的需求分析。

(3) 理解并掌握项目的设计。

(4) 理解并掌握项目开发环境的搭建。

(5) 理解并掌握项目开发环境的使用，并初识C语言程序设计。

## 任务1-1：项目需求分析

### 任务描述与分析

每个大学计算机系的学生入学后，都会学习C语言课程，学习了一段时间，老师会对课程进行考试，考完试以后会对成绩进行汇总、分析等，传统的手工处理成绩的方式效率低下，查找、更新和维护成绩都非常困难，耗费大量劳动力，还难以避免错误的产生。为此，计算机系决定开发学生成绩管理系统，来实现成绩管理工作流程的系统化、规范化和自动化。

项目的负责人是C语言课程组的周老师，与学校有关部门沟通了实际的成绩管理流程后，作为项目经理组建了开发团队。开发团队由C语言课程学生项目小组组成，每个项目组由6个左右的学生，自选一名组长。每个项目组必须根据项目经理的功能要求、技术要求和进度要求，合作完成整个学生成绩管理系统。在完成项目的过程中，培养学生的团队合作能力、交流沟通能力和良好的自学能力。

学生成绩管理系统由哪些用户使用，这些用户又具备哪些功能呢？通过分析确定各类用户功能，并进行需求描述与评审，这一系列的活动构成软件开发流程的需求分析阶段。需求分析是一个非常重要的过程，它完成的好坏直接影响后续软件开发的质量。

因此在本任务中，周老师要求各项目组要反复认真地到教务处和各系部调研系统的需求，逐步明晰学生成绩管理的工作流程，明确系统的功能需求，在此基础上，根据软件工程的思想，给出项目的需求规格说明书。

接下来，周老师给项目组的同学们分析任务。要完成这个任务，同学们需要掌握软件工程和软件开发流程的相关知识。

## 相关知识与技能

### 1-1-1 软件工程的定义

软件工程是用工程、科学和数学的原则与方法研制、维护计算机软件的有关技术及管理方法。它由方法、工具和过程三部分组成。软件工程方法是完成软件工程项目的技术手段。它支持项目计划和估算、系统和软件需求分析、软件设计、编码、测试和维护；软件工程使用的软件工具是人类在开发软件的活动中智力和体力的扩展和延伸，它自动或半自动地支持软件的开发和管理，支持各种软件文档的生成；软件工程中的过程贯穿于软件开发各个环节，管理者在过程中，要对软件开发的质量、进度、成本进行评估、管理和控制。

软件工程的目标：在给定成本、进度的前提下，开发出具有可修改性、有效性、可靠性、可理解性、可维护性、可重用性、可适应性、可移植性、可追踪性和可互操作性并满足用户需求的软件产品。

### 1-1-2 软件开发流程

软件开发流程即软件设计思路和方法的一般过程，包括设计软件的功能及实现的算法和方法、软件的总体结构设计和模块设计、编程和调试、程序联调和测试以及编写、提交程序。软件开发大致包括以下阶段。

(1) 软件系统的可行性研究。可行性研究的任务是了解用户的要求及现实环境，从技术、经济和社会等方面研究并论证软件系统的可行性。

(2) 需求分析。确定待开发软件的功能需求、性能需求和运行环境约束，编制软件需

求规格说明书。软件需求不仅是软件开发的依据，而且也是软件验收的标准。

(3) 概要设计。概要设计需要对软件系统的设计进行考虑，包括系统的基本处理流程、系统的组织结构、模块划分、功能分配、接口设计、运行设计、数据结构设计和出错处理设计等，为软件的详细设计提供基础。

(4) 详细设计。对概要设计产生的功能模块逐步细化，包括算法、数据结构和各程序模块之间的详细接口信息，为编写源代码提供必要的说明。

(5) 编码。根据详细设计文档将详细设计转化为所要求的编程语言的程序，并对这些程序进行调试和程序单元测试，验证程序模块接口与详细设计文档的一致性。

(6) 测试。组装测试将经过单元测试的模块逐步进行组装和测试，应对系统各模块间的连接正确性进行测试。确认测试系统是否达到了系统需求。确认测试应有用户参加，确认测试阶段应向用户提交最终的用户手册、源程序及其他软件文档。

目前，软件开发的模型包括瀑布模型、快速原型模型、螺旋模型等，但基本上都以不同方式包括以上阶段。

## 任务实施

通过以上知识的学习，项目组就可以实施项目需求分析的任务了。本项目分为两种用户角色：管理员和学生。管理员的功能需求为：按管理员权限选择后，能够对班级成绩进行添加、对班级成绩进行浏览、对班级成绩进行统计(包括求最高分、最低分、平均分、通过率、各分数段所占比率)以及对班级成绩进行排序。学生的功能需求为：按学生权限选择后，能够按学号或姓名等查询成绩。学生成绩管理系统功能图如图 1-1 所示。

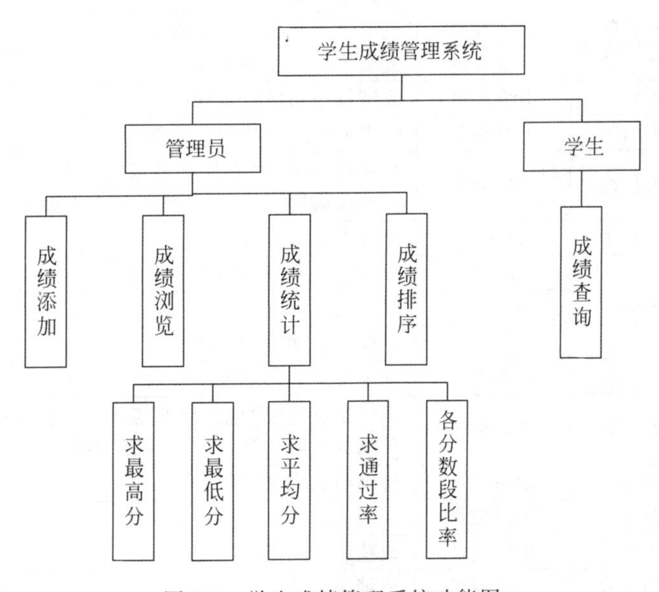


图 1-1　学生成绩管理系统功能图

## 任务拓展

在开发项目之前，要组建开发团队。开发团队由 1 名项目经理和 5 个项目小组组成。每个项目小组由 6 名学生构成，项目小组分工情况如表 1-1 所示。

表 1-1　项目小组分工情况

| 小组编号 | 成员 | 角　色 | 职 责 描 述 |
| --- | --- | --- | --- |
| 0 | 周老师 | 项目经理 | 系统总体设计与项目管理 |
| 1 | 高伟强 | 项目组长 | 带领组员完成“成绩管理系统”需求分析和设计，辅导组员完成编码调试，以及带领全体组员完成项目测试 |
| | 田鏞 | 副组长 | 协助组长完成各任务 |
| | 王列岩 | 小组成员 | 成绩添加和浏览功能的实现 |
| | 张康林 | 小组成员 | 成绩统计功能的实现 |
| | 李振甲 | 小组成员 | 成绩排序功能的实现 |
| | 张灿 | 小组成员 | 学生成绩查询功能的实现 |
| 2 | 郭波 | 项目组长 | 带领组员完成“成绩管理系统”需求分析和设计，辅导组员完成编码调试，以及带领全体组员完成项目测试 |
| | 徐子文 | 副组长 | 协助组长完成各任务 |
| | 史心胜 | 小组成员 | 成绩添加和浏览功能的实现 |
| | 丁迎双 | 小组成员 | 成绩统计功能的实现 |
| | 周成兵 | 小组成员 | 成绩排序功能的实现 |
| | 张杰 | 小组成员 | 学生成绩查询功能的实现 |
| 3 | 徐志权 | 项目组长 | 带领组员完成“成绩管理系统”需求分析和设计，辅导组员完成编码调试，以及带领全体组员完成项目测试 |
| | 秦磊 | 副组长 | 协助组长完成各任务 |
| | 王文静 | 小组成员 | 成绩添加和浏览功能的实现 |
| | 刘之铉 | 小组成员 | 成绩统计功能的实现 |
| | 胡炜 | 小组成员 | 成绩排序功能的实现 |
| | 于灿丽 | 小组成员 | 学生成绩查询功能的实现 |
| 4 | 王仁尚 | 项目组长 | 带领组员完成“成绩管理系统”需求分析和设计，辅导组员完成编码调试，以及带领全体组员完成项目测试 |
| | 朱鑫宇 | 副组长 | 协助组长完成各任务 |
| | 陈红玉 | 小组成员 | 成绩添加和浏览功能的实现 |
| | 杨硕 | 小组成员 | 成绩统计功能的实现 |
| | 任义 | 小组成员 | 成绩排序功能的实现 |
| | 杨科科 | 小组成员 | 学生成绩查询功能的实现 |
| 5 | 渠立格 | 项目组长 | 带领组员完成“成绩管理系统”需求分析和设计，辅导组员完成编码调试，以及带领全体组员完成项目测试 |
| | 唐山 | 副组长 | 协助组长完成各任务 |
| | 符锦哲 | 小组成员 | 成绩添加和浏览功能的实现 |
| | 王石亮 | 小组成员 | 成绩统计功能的实现 |
| | 马道森 | 小组成员 | 成绩排序功能的实现 |
| | 张建昊 | 小组成员 | 学生成绩查询功能的实现 |

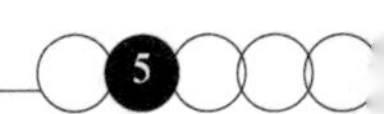


项目经理周老师要求每个项目小组查阅资料，撰写需求规格说明书。需求规格说明书的主体包括两部分：功能与行为需求描述，非行为需求描述。功能与行为需求描述说明系统的输入、输出及其相互关系，非行为需求是指软件系统在工作时应具备的各种属性，包括效率、可靠性、安全性、可维护性、可移植性等。

# 任务 1-2：项目设计

## 任务描述与分析

上个任务中已经完成了学生成绩管理系统的需求分析，接下来并不是马上编写代码，而是要把软件系统的界面设计和功能模块设计等要素确定下来。软件设计过程是对程序结构、数据结构和过程细节逐步求精、复审并编制文档的过程。

本任务，对学生成绩管理系统的总体设计思路进行梳理和分析，使成员对项目有一个较为整体的认识。

要完成这个任务，周老师要给项目组的同学们分析一下需要掌握哪些知识。

本任务主要涉及软件工程中项目设计阶段主要做什么，项目设计一般包括概要设计和详细设计，下面将对概要设计与详细设计的相关知识进行介绍。

## 相关知识与技能

### 1-2-1 概要设计

概要设计就是设计软件的结构，包括组成模块、模块的层次结构、模块的调用关系、每个模块的功能等。同时，还要设计该项目的总体数据结构和数据库结构，即应用系统要存储什么数据，这些数据是什么样的结构，它们之间有什么关系。概要设计阶段会产生概要设计说明书，说明系统模块划分、选择的技术路线等，整体说明软件的实现思路，并且需要指出关键技术难点等。它面向设计人员和用户，用户也能看得懂，不必注重细节，是对用户需求的技术响应，是二者沟通的桥梁。

### 1-2-2 详细设计

详细设计阶段是对概要设计的进一步细化，就是为每个模块完成的功能进行具体的描述，要把功能描述转变为精确的、结构化的过程描述，是具体的实现细节描述。详细设计阶段常用的描述方式有：传统流程图、N-S 图、PAD 图、伪代码等。详细设计阶段会产生详细设计说明书，该阶段通常面向开发人员，开发人员看了详细设计说明书，就可以直接写代码。

## 任务实施

通过以上知识的学习，项目组就可以实施学生成绩管理系统项目的设计任务了。项目设计主要包括概要设计和详细设计两部分。

1. 概要设计

(1) 项目设计思路

程序设计一般由算法和数据结构组成,合理地选择数据结构在项目的开发过程中非常重要,本项目首先使用数组来存放成绩信息,完成项目的第一个版本。数组会占用连续的存储空间,使用数组来存放数据时,要事先预估数组大小,若估计过多,会浪费空间;估计过少,不容易扩充。特别是当需要插入数据或删除数据等操作时,效率低。因对链表的动态操作比较灵活,因此使用带头结点的单链表结构来存放学生成绩,链表的每个结点使用结构体来存放学生成绩信息,每个结点除了存放信息外,还存放结点之间的关系,即包含一个指向下一个学生信息的指针域,因此使用结构体、指针和链表来重构项目。最后由于前两个版本的成绩信息都无法保存,引入文件再次重构项目。考虑到由点及面、由简到繁、由易到难的学习规律,对项目逐步重构,项目的实施过程如下。

① 第1版:使用数组来存放学生成绩。通过这个版本的实施,使学生深入理解和掌握数组的应用,尤其是深刻理解数组作为函数参数的传递过程。

② 第2版:使用结构体、指针和链表来存放学生成绩。通过这个版本的实施,使学生深入理解和掌握结构体和指针链表相关知识,并能灵活运用。

③ 第3版:使用文件来存放学生成绩。通过这个版本的实施,使学生深入理解和掌握文件的相关知识,并能灵活运用。

(2) 数据结构设计

"学生成绩管理系统"中将一个学生记录设计为一个结点,结点的类型为结构体,用结构体中各个域表示学生成绩信息,包含学号、姓名、成绩三个数据,每个结点除了存放信息外,还存放结点之间的关系,即包含一个指向下一个学生信息的指针域。

定义学生成绩结构体,数据结构定义如下。

```
struct STU
{
    char stuId[8];
    char stuName[20];
    int cScore;
    struct STU * next;
};
```

main 函数中定义一个头指针,指向链表的第一个结点。

```
struct STU * head = NULL;
```

(3) 软件系统界面

软件系统一般有基于控制台的应用、基于窗体的应用和基于 Web 的应用,本项目开发的是 Windows Console Application,所以界面是输出在 Windows 控制台上的,具体设计如图 1-2 所示。

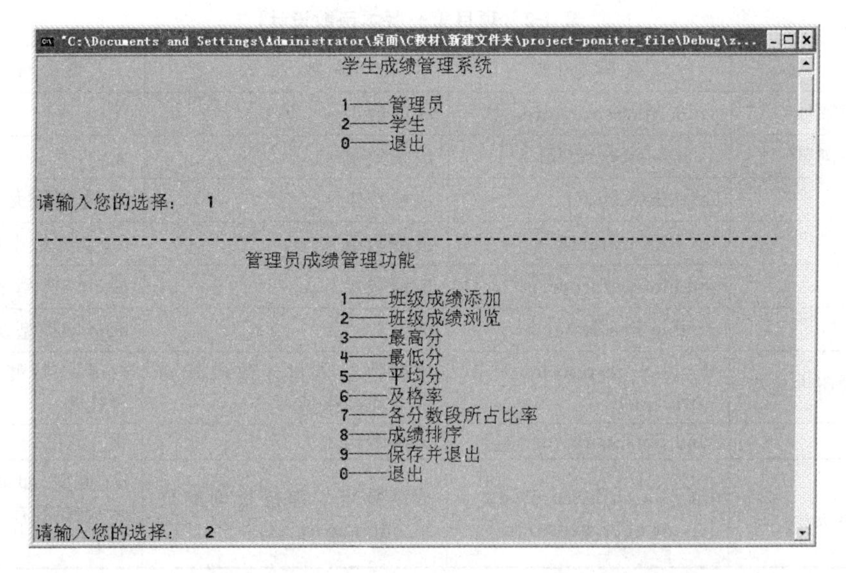


图 1-2　界面设计

(4) 用户功能模块

本系统用户功能模块包括：管理员功能模块和学生功能模块。管理员功能模块包括：班级成绩添加、班级成绩浏览、班级成绩统计和班级成绩排序；学生功能模块包括：按学号查询成绩和按姓名查询成绩等。学生成绩管理系统的功能模块图如图 1-3 所示。

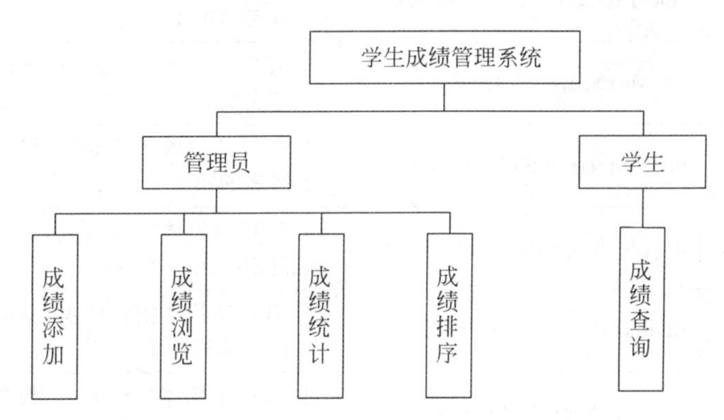


图 1-3　学生成绩管理系统的功能模块图

2. 详细设计

“学生成绩管理系统”主要采用模块化程序设计的方法实现各功能，即将各功能抽取成自定义的函数，并在菜单中调用这些函数，实现各个功能。项目组详细设计了该项目的各个功能的函数原型，如表 1-2 所示使用数组来存放学生成绩。

由于数组的操作效率低，而对链表的动态操作比较灵活，因此使用带头结点的单链表结构来存放学生成绩。每个结点除了存放信息外，还存放一个指向下一个学生信息的指针域，因此使用结构体、指针和链表来重构项目，如表 1-3 所示详细设计了该项目各个功能的函数原型。

表 1-2 项目第一版本函数设计

| 功 能 | 函数原型 | 参数列表 | 返回值 |
|---|---|---|---|
| 班级成绩添加 | void AddScore(int s[]) | 成绩数组 s | 无 |
| 班级成绩浏览 | void ListScore(int s[]) | 成绩数组 s | 无 |
| 最高分 | int MaxScore(int s[]) | 成绩数组 s | int 类型最大值 |
| 最低分 | int MinScore(int s[]) | 成绩数组 s | int 类型最小值 |
| 平均分 | double AvgScore(int s[]) | 成绩数组 s | double 类型平均分 |
| 及格率 | double PassRate(int s[]) | 成绩数组 s | double 类型及格率 |
| 各分数段所占比率 | doubleSegScore(int s[], int a,int b) | 成绩数组 s 和分数段开始值 a 和结束值 b | double 类型各分数段比率 |
| 成绩排序 | void SortScore(int s[]) | 成绩数组 s | 无 |
| 查询成绩 | int SearchByScore(int s[],int queryScore) | 成绩数组 s 和待查询的成绩 queryScore | int 类型,如果为-1 表示成绩不存在,其他存在 |

表 1-3 项目第二版本函数设计

| 功 能 | 函数原型 | 参数列表 | 返回值 |
|---|---|---|---|
| 班级成绩添加 | STU *AddScore(STU *head) | STU 结构体指针变量,指向链表的第 1 个结点 | STU * |
| 班级成绩浏览 | void ListScore(STU *head) | STU 结构体指针变量,指向链表的第 1 个结点 | 无 |
| 最高分 | int MaxScore(STU *head) | STU 结构体指针变量,指向链表的第 1 个结点 | int 类型最大值 |
| 最低分 | int MinScore(STU *head) | STU 结构体指针变量,指向链表的第 1 个结点 | int 类型最小值 |
| 平均分 | double AvgScore(STU *head) | STU 结构体指针变量,指向链表的第 1 个结点 | double 类型平均分 |
| 及格率 | double PassRate(STU *head) | STU 结构体指针变量,指向链表的第 1 个结点 | double 类型及格率 |
| 各分数段所占比率 | void SegScore(STU *head) | STU 结构体指针变量,指向链表的第 1 个结点 | 无 |
| 成绩排序 | void SortScore(STU *head) | STU 结构体指针变量,指向链表的第 1 个结点 | 无 |
| 按学号查询信息 | void SearchStuById(STU *head, char *sId) | STU 结构指针变量和字符指针变量 sId | 无 |
| 按姓名查询信息 | void SearchStuByName(STU *head, char *sName) | STU 结构指针变量和字符指针变量 sName | 无 |

由于项目的前两个版本学生成绩无法保存下来,所以第三版本在第二版本的基础上使用文件来存放学生成绩信息。各个功能的函数原型设计基本与第二版本相同,比第二版本增加了读文件和写文件两个功能,如表 1-4 所示。

表 1-4　项目第三版本函数设计

| 功　　能 | 函数原型 | 参数列表 | 返回值 |
| --- | --- | --- | --- |
| 学生信息保存到文件 | void SaveScore(STU * head) | 结构体指针变量 | 无 |
| 读文件 | voidReadScore(STU ** head) | 二级指针 | 无 |

## 任务拓展

项目经理周老师要求每个项目小组查阅资料，撰写概要设计说明书和详细设计说明书。概要设计说明书编制的目的是说明系统的基本处理流程、系统的组织结构、模块划分、功能分配、接口设计、运行设计、数据结构设计和出错处理设计等，为程序的详细设计提供基础。详细设计说明书编制的目的是说明一个软件系统各个层次中的每个程序(每个模块或子程序)的实际考虑，为程序员编写程序提供依据。

# 任务 1-3：项目开发环境搭建

## 任务描述与分析

为了完成成绩管理系统的编码调试，周老师要求开发团队采用集成开发环境 Microsoft Visual C++ 6.0 作为程序的开发工具，要求每个团队成员能安装集成开发环境 Microsoft Visual C++ 6.0，并能使用该环境完成程序代码的编辑、编译、链接和执行。要完成这个任务，周老师要给项目组的同学们分析一下需要掌握哪些知识。

首先要理解程序设计、程序设计语言和程序的概念，接下来要知道 C 语言是一种程序设计语言，需要掌握 C 语言的相关知识，C 语言编写的程序要在 Microsoft Visual C++ 6.0 集成开发环境上进行编辑、编译、链接和执行，所以最后要掌握 Microsoft Visual C++ 6.0 这个集成开发环境的相关知识。

## 相关知识与技能

### 1-3-1　程序设计和程序设计语言

程序设计：面对一个需解决的实际问题，设计适合于计算机的算法，并利用程序设计语言写出算法，成为程序，运行程序，此问题得以解决。

程序设计语言：用来表达算法，具备特定语法规则的语句(指令)集合。如 C、C#、Pascal、Visual Basic、Java 等。

程序设计语言经历过机器语言、汇编语言和高级语言三大发展阶段。

(1) 机器语言：最早问世，用二进制代码构成指令。用机器语言编程的缺点：烦琐、不直观、不易调试；移植性差，依赖于计算机。例如：0100011。

(2) 汇编语言：用英文符号构成指令。相对直观，但仍烦琐，仍是面向计算机的语言，依赖于计算机。汇编语言是计算机间接接受的语言。例如：add x,2。

(3) 高级语言：机器语言和汇编语言都是面向计算机的语言，一般称为“低级语言”。现在人们更习惯使用接近日常使用的自然语言和数学语言作为语言的表达式，便于理解和记忆，这种语言称为“高级语言”。例如：x＝x＋2。

C语言是当代最优秀的高级语言，早期的C语言主要是用于UNIX系统。由于C语言的强大功能和各方面的优点逐渐为人们认识，到了20世纪80年代，C语言开始进入其他操作系统，并很快在各类大、中、小和微型计算机上得到了广泛的使用，成为当代最优秀的程序设计语言之一。

由于C语言具有丰富的运算法和数据类型，可以实现复杂的数据结构。它还可以直接访问内存的物理地址，进行位一级的操作，可以实现对硬件的编程操作，它既可开发系统软件，又可开发应用软件，因此深受广大编程人员的喜爱。

程序：解决特定问题所需要的语句集合。

**【例 1-1】** 求任意两个整数的和。

需要以下几个步骤来完成该任务。

1. 算法设计

(1) 设置3个变量。

(2) 输入2个变量的值(应为整数)。

(3) 求和，放入第3个变量。

(4) 输出和。

2. 用C语言写成程序

```
#include <stdio.h>                              //预处理指令
void main()                                     //主函数名为 main
{
    int x , y , sum;                            //定义 3 个变量
    sum = 0;                                    //sum 变量初始化为 0
    printf("请输入两个整数的值\n");              //提示用户输入
    scanf("%d%d", &x , &y);                     //从键盘输入 x,y 的值
    sum = x + y;                                //求 x、y 的和,放入 sum 中
    printf("%d+%d=%d\n", x , y , sum);          //输出 sum 的值
}
```

从以上的C语言程序可以看出C程序的特点，下面来分析一下C程序的特点。

(1) 一个C语言源程序可以由一个或多个源文件组成。

(2) 每个源文件可由一个或多个函数组成。这些函数都是平行定义的，任何一个函数不能定义在别的函数内。

(3) 一个源程序不论由多少个函数组成，都有且仅有一个main函数，即主函数。程序从main函数开始执行、结束。

(4) 每个函数由函数首部、函数体组成。函数体由1对花括号括起，包含各类语句。

(5) 每一个语句都必须以分号结尾。但预处理命令，函数头和花括号“}”之后不能加

分号。

3. 运行程序

在 Microsoft Visual C++ 6.0 集成开发环境上编辑、编译、链接和执行该程序，最终调试通过完成任务。

### 1-3-2　初始函数——模块化程序设计

函数是C程序的基本模块。把具备特定功能的代码组织在相对独立的函数内，在执行时给它一定的输入，函数执行完毕后，就可以实现其设计功能。函数是减少代码重复书写、功能抽取、实现模块化程序设计的重要手段。在C语言程序设计以及其他的软件开发中，都离不开函数的应用。

模块化程序设计的思路是：一个源程序是由多个函数组成的。但是不论这个源程序由多少个函数组成，都有且仅有一个 main 函数，即主函数。在一个源程序中可以调用C语言中提供的库函数，也可以建立用户自己定义的函数。

C语言常用库函数如下。

(1) 数学函数：math. h。

(2) 字符函数和字符串函数：ctype. h；string. h。

(3) 输入输出函数：stdio. h。

(4) 动态分配函数和随机函数：stdlib. h。

C语言不仅提供了丰富的标准库函数。还允许用户建立自定义的函数。关于函数的定义和调用，将在模块四中的任务 4-1 中详细介绍。

### 1-3-3　Microsoft Visual C++ 6.0 简介

Microsoft Visual C++ 6.0 简称 VC 或者 VC 6.0，是微软推出的一款C++编译器，它是一个基于 Windows 操作系统的可视化集成开发环境(Integrated Development Environment, IDE)，它是将"高级语言"翻译为"机器语言(低级语言)"的程序。由于C++是由C语言发展起来的，也支持C语言的编译。6.0 版本是使用最多的经典版本。Visual C++是一个功能强大的可视化软件开发工具，是集编辑、编译、链接、执行于一体的集成开发环境。自 1993 年 Microsoft 公司推出 Visual C++1.0 后，随着其新版本的不断问世，Visual C++已成为C语言程序员进行软件开发的首选工具。

## 任务实施

1. 安装 Microsoft Visual C++ 6.0

安装 Microsoft Visual C++ 6.0 的步骤如下。

(1) 首先将 Microsoft_Visual_C++_6.0-SP6. ISO 的压缩包解压，出现如图 1-4 所示窗口。

(2) 解压完成后，选择 VC6CN 文件夹打开，VC6CN 为中文版，VC6EN 为英文版。打开 VC6CN 文件夹后找到可运行的 SETUP. EXE 文件，如图 1-5 中的 SETUP. EXE。

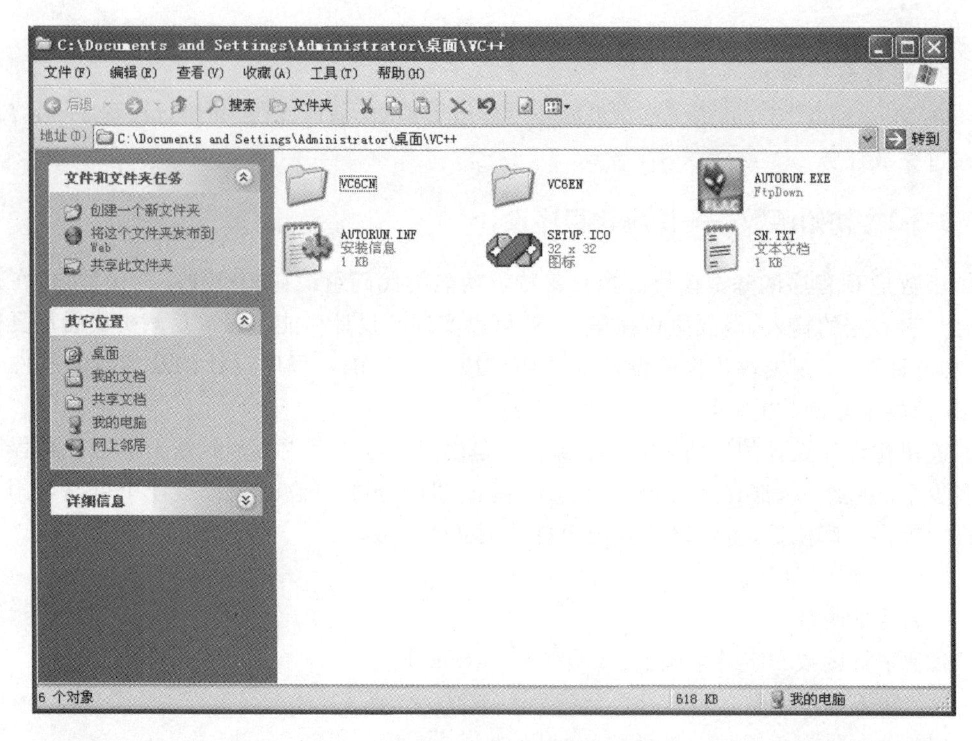


图 1-4 解压安装文件

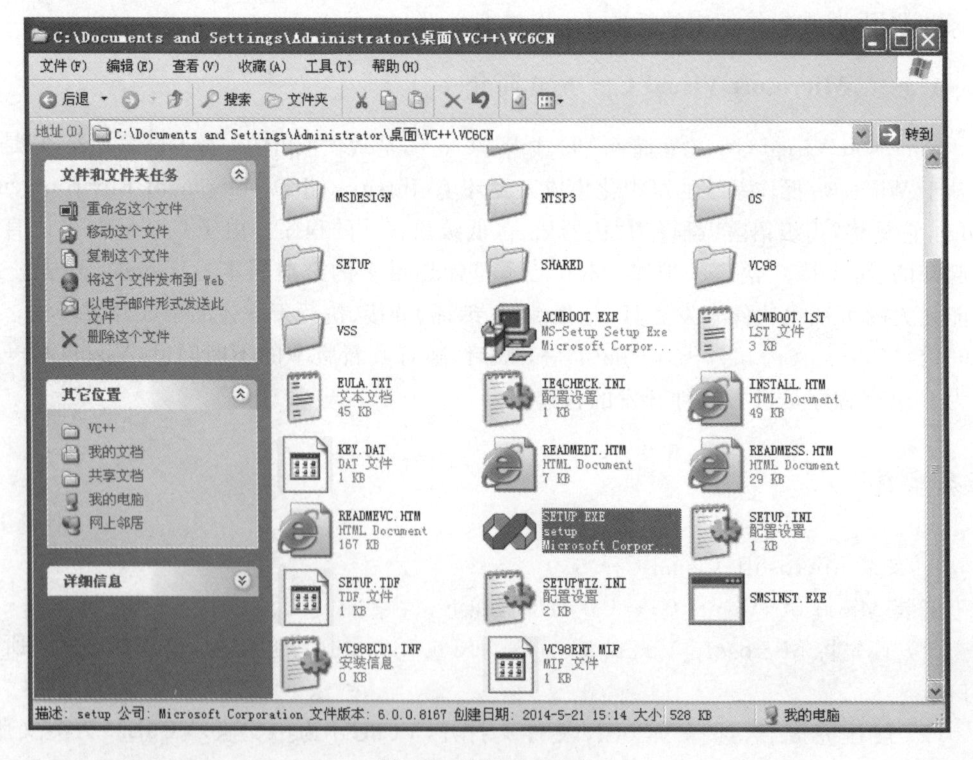


图 1-5 选择安装文件

(3) 双击图 1-5 中的 SETUP. EXE 文件后，出现如图 1-6 所示界面。

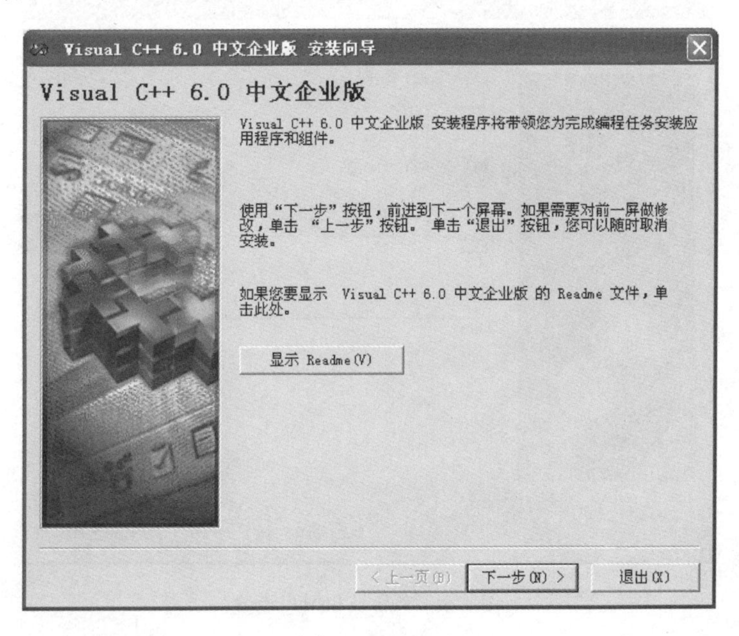


图 1-6　安装向导

(4) 单击图 1-6 中的“下一步”按钮，出现如图 1-7 所示界面，认真阅读完协议后，接受许可协议，选中“接受协议”单选按钮。

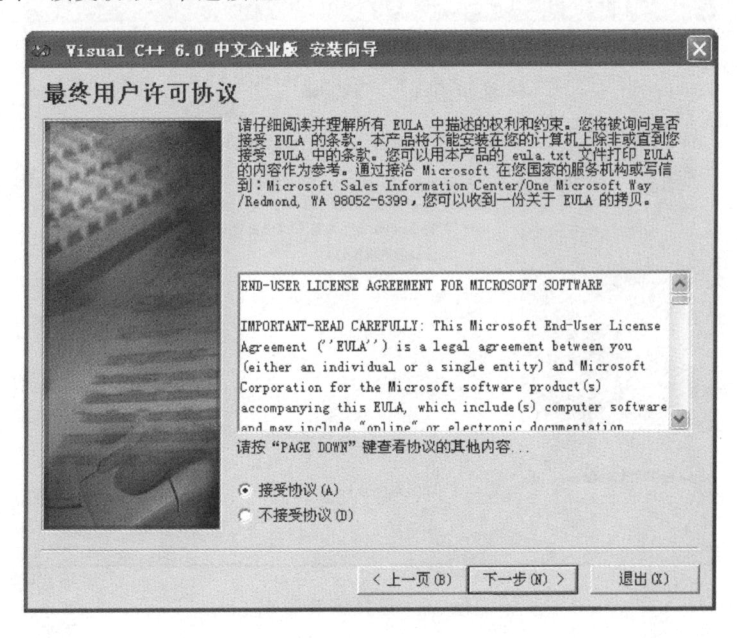


图 1-7　许可协议

(5) 单击图 1-7 中的“下一步”按钮，进入如图 1-8 所示界面，此处姓名与公司名称可任意填写，一般可直接使用默认的。

图 1-8 产品号和用户设置

(6) 单击图 1-8 中的“下一步”按钮，进入如图 1-9 所示界面，选中“安装 Visual C++ 6.0 中文企业版”单选按钮。

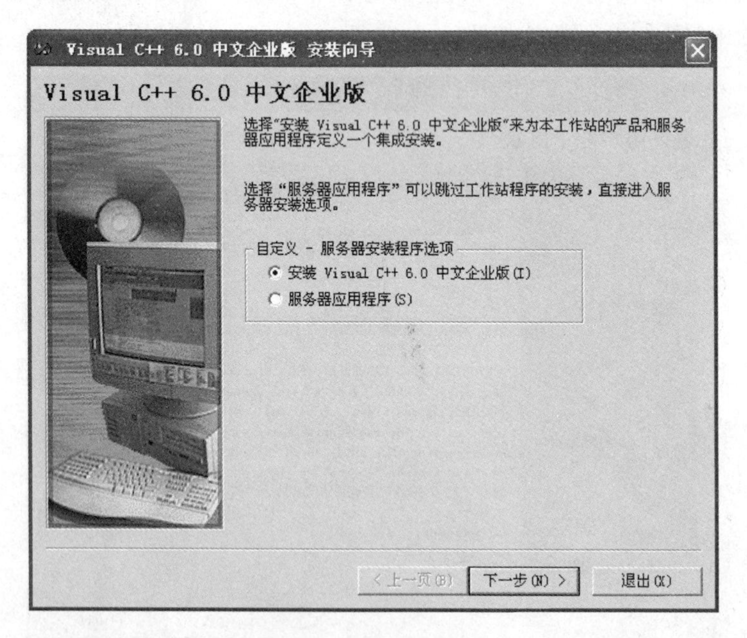


图 1-9 选择安装版本

(7) 单击图 1-9 中的“下一步”按钮，进入如图 1-10 所示界面，选择好安装路径。

(8) 单击图 1-10 中的“下一步”按钮，进入如图 1-11 所示界面。

(9) 单击图 1-11 中的“继续”按钮，进入如图 1-12 所示界面。

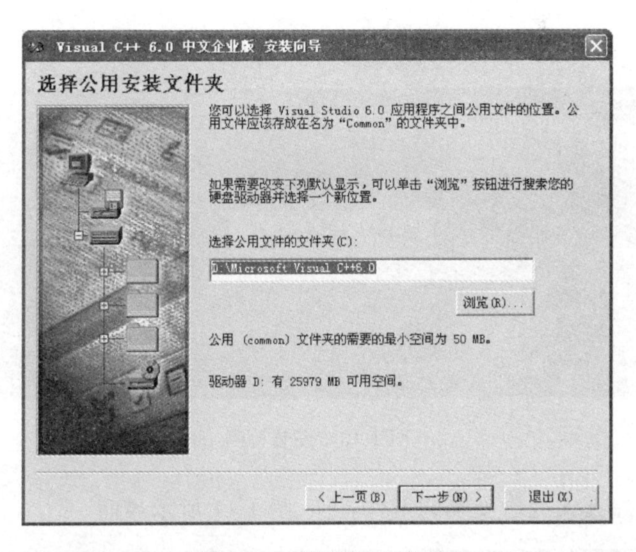


图 1-10　安装路径的设置

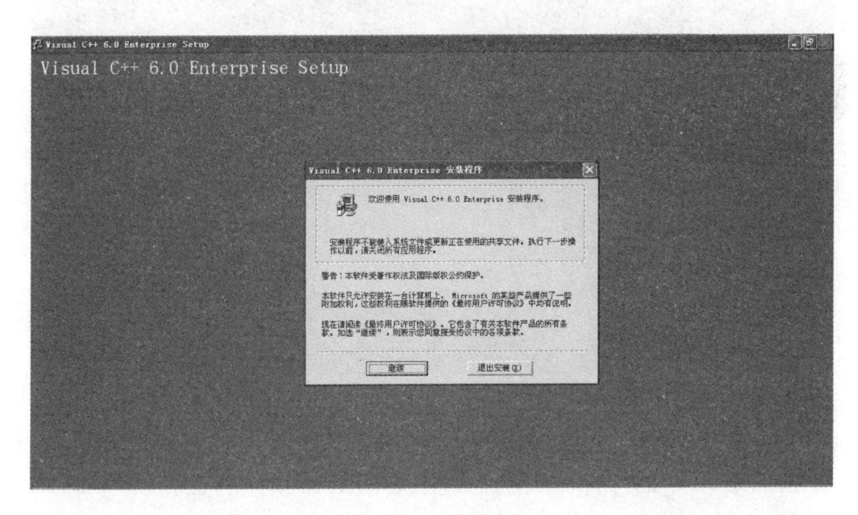


图 1-11　安装准备

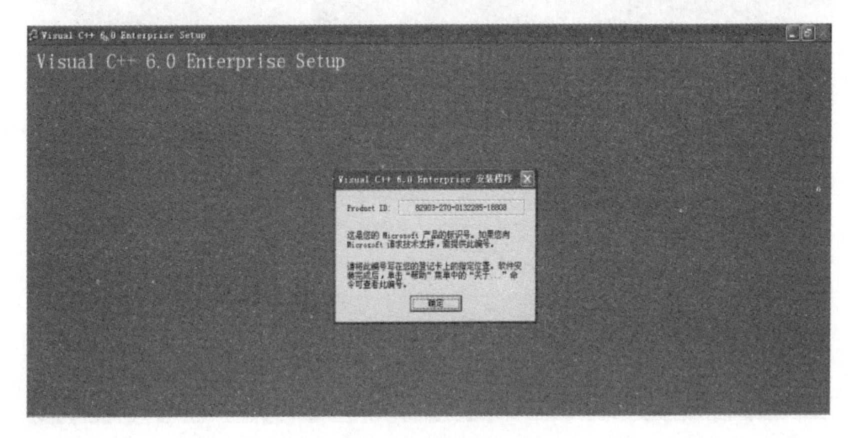


图 1-12　安装确认

(10) 单击图 1-12 中的“确定”按钮,进入如图 1-13 所示界面。

图 1-13　安装检测

(11) 安装程序搜索完已安装的组件,进入图 1-14 所示界面。

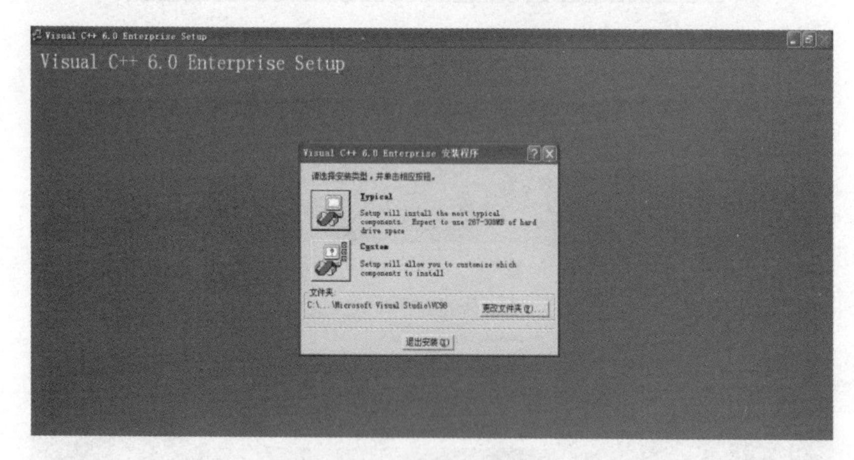


图 1-14　安装选择

(12) 单击图 1-14 中的 Typical 图标,进入如图 1-15 所示界面。

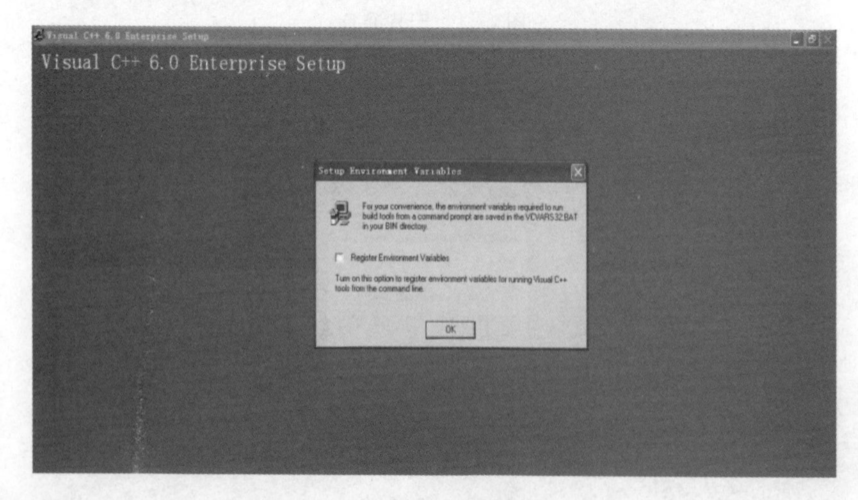


图 1-15　安装配置

(13) 单击图 1-15 中的 OK 按钮，进入如图 1-16 所示界面。

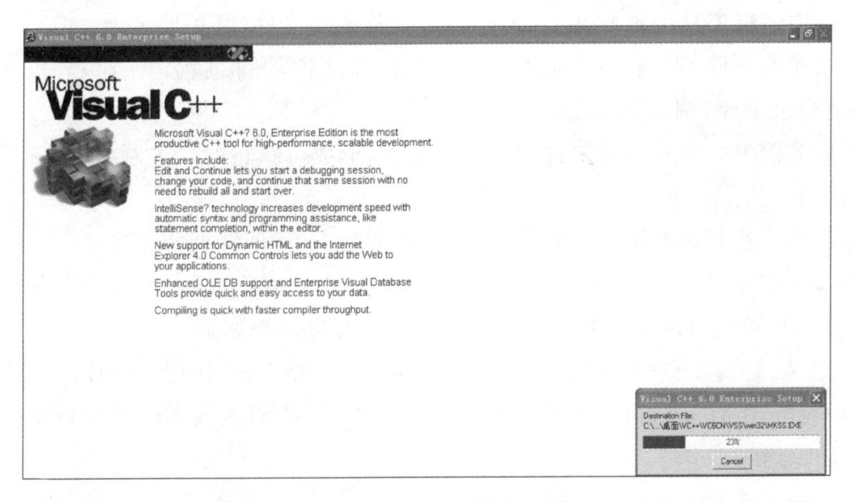


图 1-16　安装中

(14) 安装完毕，进入如图 1-17 所示界面，单击“确定”按钮则 Visual C++ 6.0 成功安装。

图 1-17　安装成功

2. C 程序开发过程

Microsoft Visual C++ 6.0 成功安装以后，周老师要求每个项目组首先熟悉环境的使用，使用该软件对 C 程序进行开发的过程如图 1-18 所示，开发 C 程序的具体步骤如下。

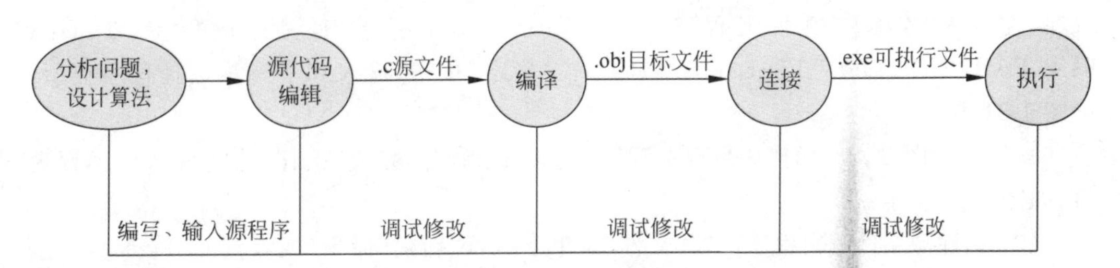


图 1-18　C 程序开发过程

(1) 分析问题,设计算法,绘制流程图。

(2) 使用编辑工具编辑C语言程序,保存。称为源文件,其扩展名为.c。

(3) 编译源文件,形成二进制文件。称为目标文件,其扩展名为.obj。若有语法错误,则不能通过编译,调试修改之。

(4) 链接程序的所有目标文件和所需库文件,形成可执行的二进制文件,称为可执行文件,其扩展名为.exe。

(5) 执行。若有逻辑错误,则运行结果与任务要求不符,调试修改之。

下面周老师给项目组的同学介绍一下如何使用Visual C++集成开发环境编写并调试程序,以例1-1"求任意两个整数的和"为例,程序的开发过程如下。

(1) 进入Visual C++集成开发环境。执行"开始"→"程序"→Microsoft Visual C++ 6.0→Microsoft Visual C++ 6.0命令,单击"确定"按钮进入Visual C++集成开发环境,如图1-19所示。

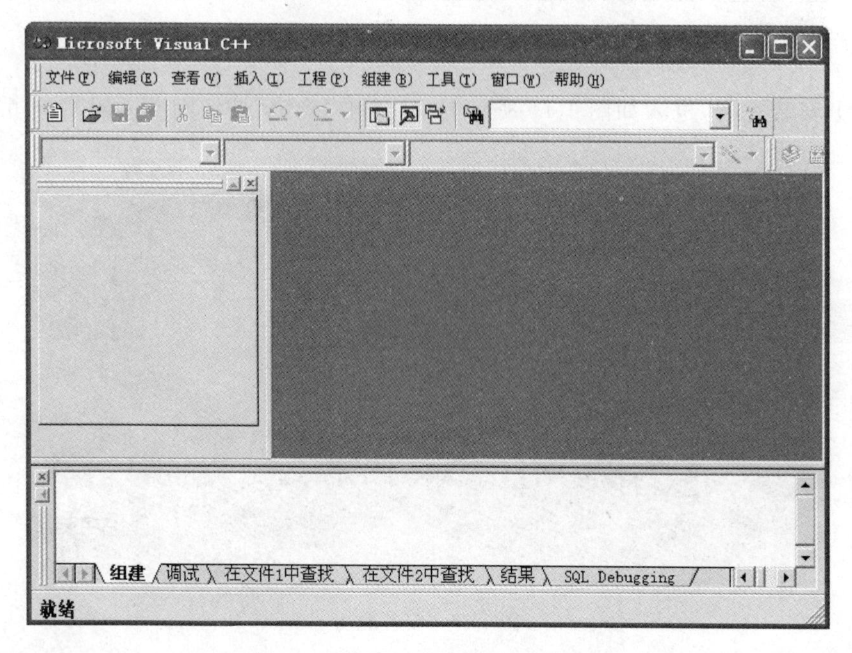


图1-19 集成开发环境Visual C++

(2) 新建工程。在图1-19中"文件"菜单下执行"新建"命令(或者按Ctrl+N键),进入新建工程向导。选中图1-20中的"工程"选项卡,然后选择Win32 Console Application选项,在工程名称中填写工程名,例如FirstApp,并选择工程存放位置,如D:\FIRSTAPPLICATION\FirstApp。最后单击"确定"按钮,进入到下一步选择程序类型,如图1-21所示。

默认选中图1-21中的"一个空工程"单选按钮,单击"完成"按钮,进入到VC工程窗口,如图1-22所示。

(3) 新建源文件编辑程序。在"文件"菜单下执行"新建"命令(或者按Ctrl+N键),进

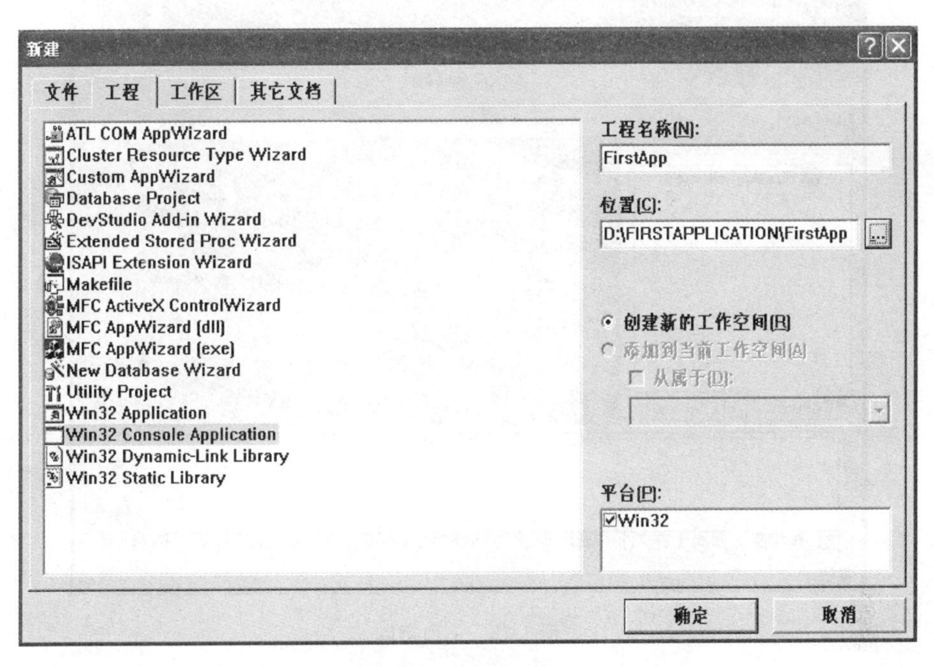


图 1-20　新建工程

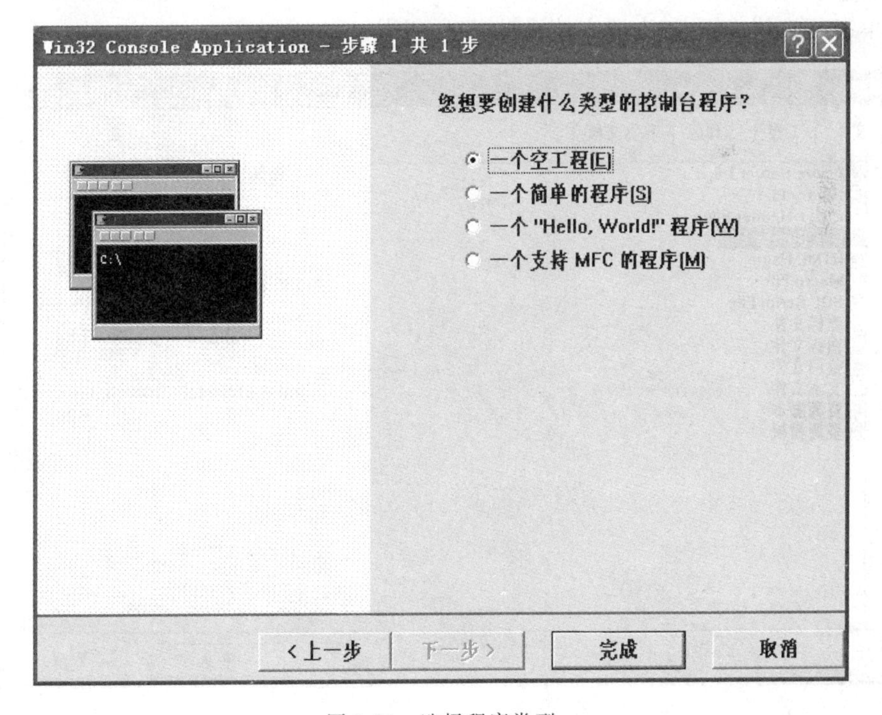


图 1-21　选择程序类型

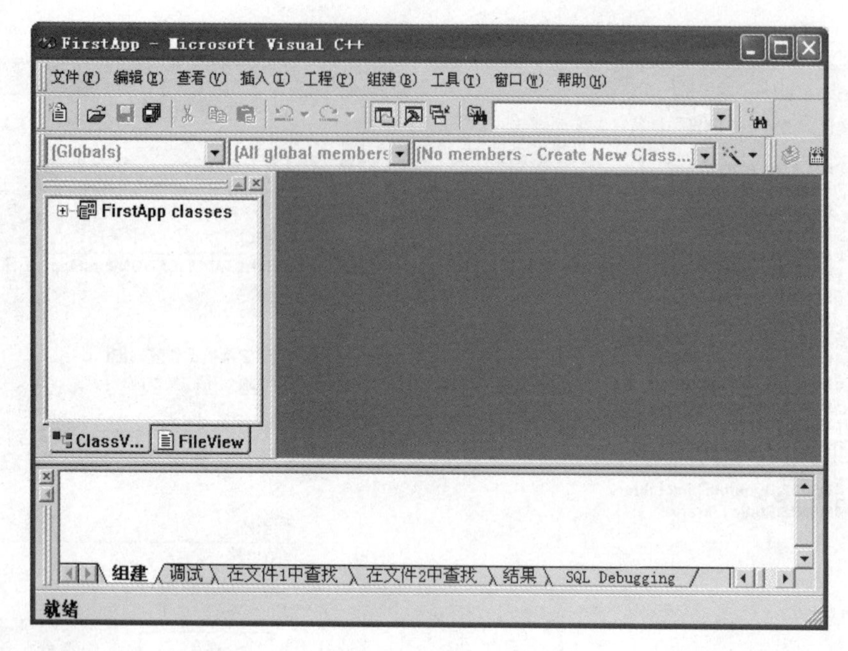


图 1-22　工程窗口

入新建文件窗口。选中图 1-23 中的"文件"选项卡,然后选择 C++Source File 选项,确认"添加到工程"前的复选框被选中,填写文件名,例如 Sum. c。默认文件的位置在当前工程下,单击"确定"按钮,进入源文件编辑窗口,如图 1-24 所示。

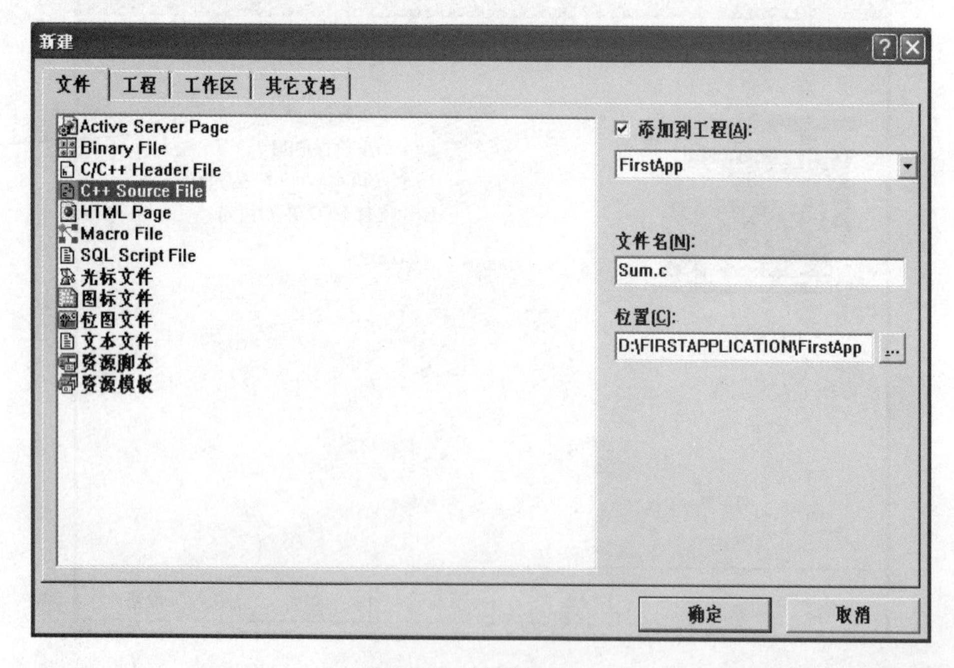


图 1-23　新建源文件

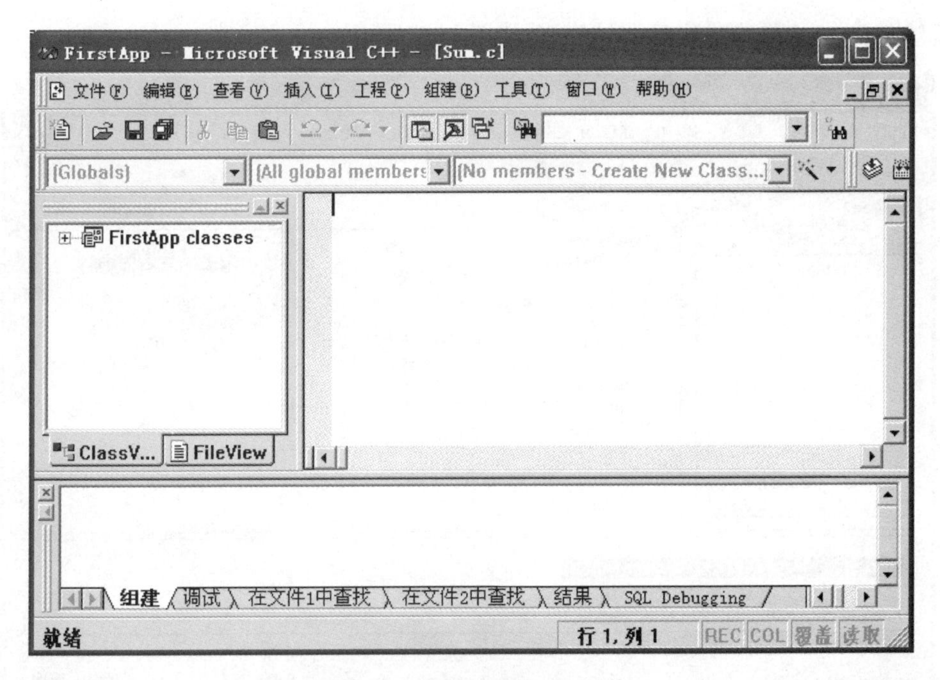


图 1-24　源文件编辑窗口

在编辑窗口中输入“求任意两个整数的和”程序的源代码，如图 1-25 所示。

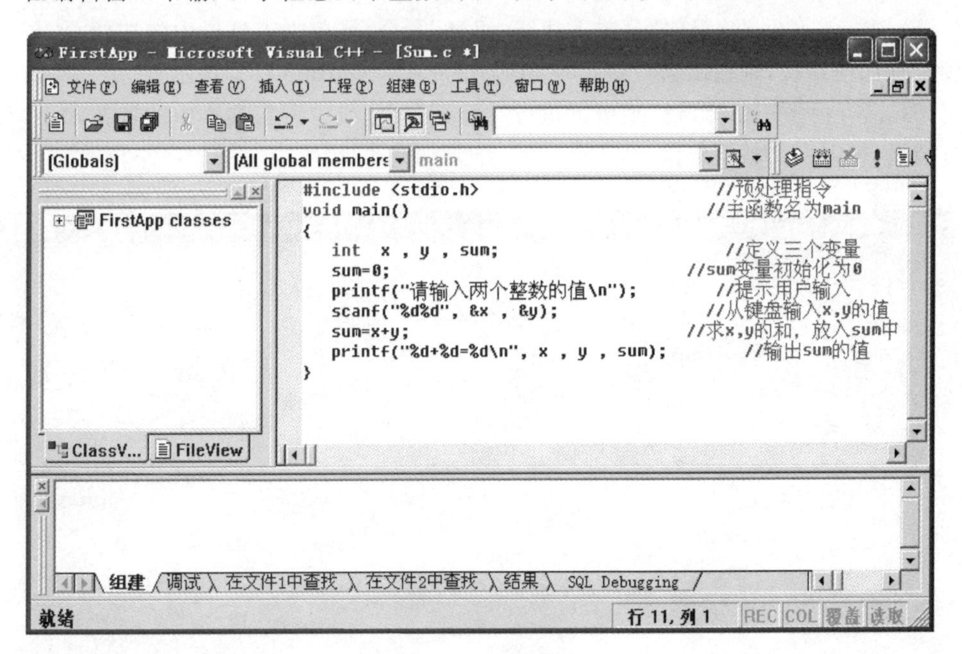


图 1-25　输入源代码

(4) 编译调试。在“组建”菜单下执行“编译”命令，或单击工具栏中的按钮，如果程序编译没有任何错误，则输出窗口会出现“0 error(s)，0 warning(s)”提示。如果有错误，请双击每个错误，在源文件窗口调试修改，如图 1-26 所示。

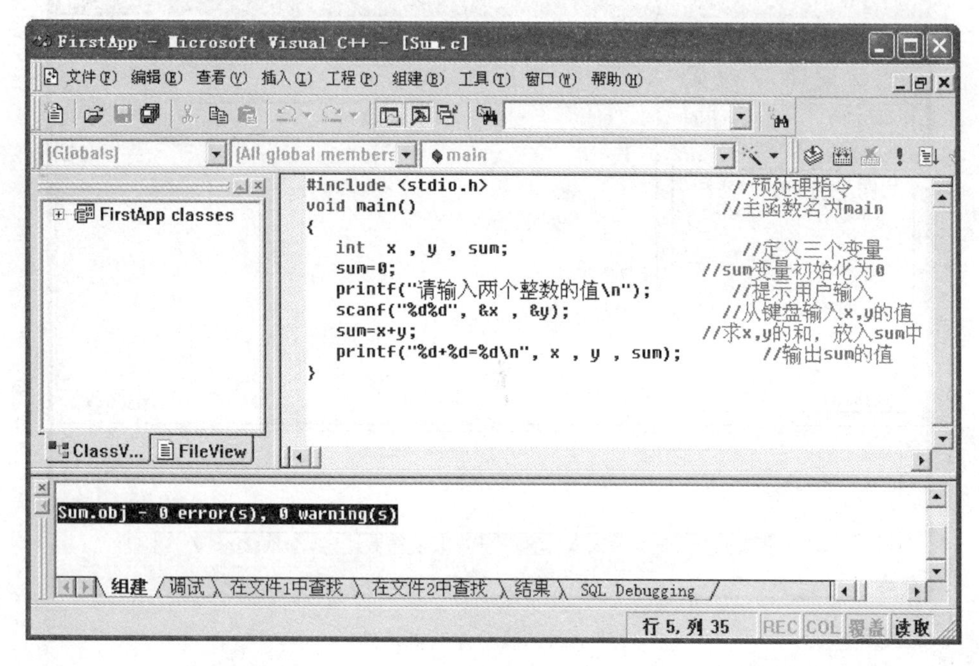


图 1-26　编译调试

（5）链接文件。在“组建”菜单下执行“组建”命令，或单击工具栏中的按钮，如果程序链接没有任何错误，则输出窗口会出现“0 error(s)，0 warning(s)”提示。

（6）执行程序。在“组建”菜单下执行“执行”命令，或单击工具栏中的按钮，显示程序执行结果，输入两个整型数值，按 Enter 键，结果如图 1-27 所示。

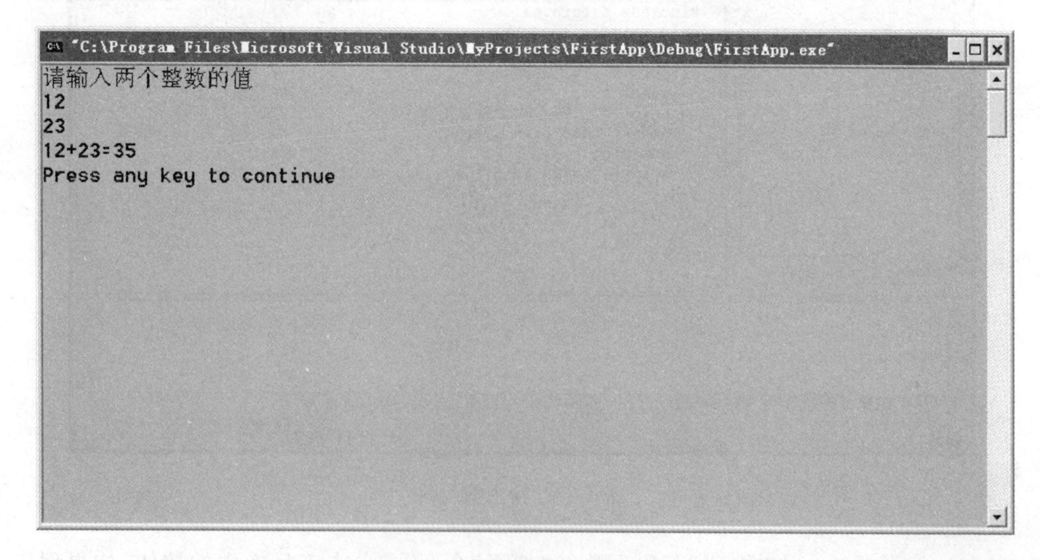


图 1-27　程序运行结果

## 任务拓展

项目经理周老师要求每个项目小组查阅资料，总结C语言的特点。

C语言是一种计算机程序设计语言。它既可用于系统软件的开发，也可用于应用软件的开发。它主要有以下几方面特点。

(1) 语言简洁、紧凑，使用方便、灵活。

C语言共有32个关键字，9种控制语句，程序书写形式自由，区分大小写。

(2) 运算符丰富。

C语言的运算符包含的范围很广泛，共有45个运算符。C语言把括号、赋值、强制类型转换等都作为运算符处理。从而使C语言的运算类型极其丰富，表达式类型多样化。开发人员可以灵活运用所提供的运算符表达其他语言难以表达的表达式。

(3) 数据类型丰富。

C语言具有整型、实型、字符型、数组类型、指针类型、结构体类型、共用体类型等数据类型。能用来构造复杂的数据结构，如使用指针构造链表、树、栈等。C语言的指针类型，是学习C语言的重点和难点，通过指针可以直接对内存操作，指针作为函数参数可以实现一次函数调用返回“多个值”。

(4) 具有结构化特征，以函数组织程序。

结构化语言的显著特点是代码及数据的分离，即程序的各个部分除了必要的信息交流外彼此独立。这种结构化方式使程序层次清晰，便于使用、维护以及调试。C语言具有多种循环、条件语句控制程序流程，从而使程序完全结构化。C语言是以函数组织程序的，这些函数可方便地调用。C语言程序的函数化结构使得C语言程序非常容易实现模块化，因此函数可作为C语言程序的模块单位。

(5) 程序设计自由度大。

C语言语法比较灵活，允许程序编写者有较大的自由度。它允许直接访问物理地址，对硬件进行操作，因此它既具有高级语言的功能，又能够像汇编语言一样对位、字节和地址进行操作，而这三者是计算机最基本的工作单元，因此可用来写系统软件。

(6) 生成目标代码质量高。

C语言编译系统生成的目标代码一般只比汇编程序生成的目标代码效率低10%～20%。

(7) 适用范围广。

C语言有一个突出的优点就是适用于各种操作系统和各种型号的计算机。

# 模块总结

本模块主要按照软件工程的思想完成了“学生成绩管理系统”项目的需求分析和设计，以及项目开发环境的配置。项目开发环境配置包括环境的安装以及使用，在使用环境的过程中掌握了C语言程序从编写源码、然后编译、链接和执行的开发全过程。

在任务实施的过程中，还学习到了C语言的一些基本知识，具体如下。

(1) 软件工程的概念以及软件开发流程，软件开发流程包括：软件系统的可行性研究、需求分析、概要设计、详细设计、编码和测试。

(2) 软件设计的概念，它包括概要设计和详细设计，概要设计就是设计软件的结构，包括组成模块，模块的层次结构，模块的调用关系，每个模块的功能等。同时，还要设计该项目的应用系统的总体数据结构，以及要存储什么数据，这些数据是什么样的结构，它们之间有什么关系。详细设计就是为每个模块完成的功能进行具体的描述，要把功能描述转变为精确的、结构化的过程描述。

(3) 程序设计、程序设计语言和程序的概念。程序设计：面对一个需解决的实际问题，设计适合于计算机的算法，并利用程序设计语言写出算法，成为程序，运行程序，此问题得以解决。程序设计语言：用来表达算法，具备特定语法规则的语句(指令)集合。程序：解决特定问题所需要的语句集合。C语言是一种程序设计语言，具有语法简洁、紧凑，使用方便、灵活，具有丰富的运算符和数据类型，并且能够通过函数实现模块化等特点。通过该知识点的学习，项目组初识了C语言，掌握了C程序的基本特点。

(4) Microsoft Visual C++ 6.0：Visual C++是一个功能强大的可视化软件开发工具，是集编辑、编译、链接、执行于一体的集成开发环境。项目组使用它来编辑、编译、链接和执行C语言程序，“学生成绩管理系统”就使用该集成开发环境来开发。

## 作 业 习 题

1. 根据调研结果，并查阅资料，给出“学生成绩管理系统”项目的需求规格说明书。
2. 根据调研结果，并查阅资料，给出“学生成绩管理系统”项目的概要设计说明书。
3. 根据调研结果，并查阅资料，给出“学生成绩管理系统”项目的详细设计说明书。
4. 请读者自行安装 Microsoft Visual C++ 6.0，准备进行项目开发。
5. 安装完 Microsoft Visual C++ 6.0，请使用该环境完成如下C程序(求任意两个整数的最大值)的编码调试过程。

```
//求任意两个整数的最大值
#include <stdio.h>                          //预处理指令
void main()                                 //main 函数
{
    int x , y , max;                        //定义变量
    printf("请输入两个整数的值\n");          //提示输入
    scanf("%d%d", &x , &y);                 //从键盘输入 x,y 的值
    max = x ;                               //假设 x 为最大值
    if(max<y)                               //如果 max 比 y 小
        max = y ;                           //y 为最大值
    printf("max(%d,%d) = %d", x , y , max); //输出最大值
}
```

6. 请查阅资料，谈一谈C语言具有哪些特点。

# 项目的数据定义及运算

通过对“学生成绩管理系统”项目需求分析，周老师基本明确了用户需求和项目的功能模块。根据项目整体功能图，项目功能包括：班级成绩进行添加、班级成绩浏览，班级成绩统计(求最高分、最低分、平均分、通过率、各分数段所占比率，班级成绩排序)等。上一模块完成了“学生成绩管理系统”的需求分析和设计，接下来开始逐步实现该项目。本模块通过对数据定义与运算的学习和技能的实践，确保“学生成绩管理系统”项目的按期完成。

【工作任务】

(1) 任务 2-1：数据定义。

(2) 任务 2-2：数据运算。

【学习目标】

(1) 掌握数制。

(2) 掌握标识符与命名规范。

(3) 掌握 C 语言基本数据类型的定义。

(4) 掌握运算符与表达式的使用。

(5) 理解并掌握项目所需数据类型的定义以及基本运算的实现。

## 任务 2-1：数据定义

### 任务描述与分析

周老师通过“学生成绩管理系统”项目需求分析，确立了项目整体功能，绘制出项目整体功能图和各功能模块图。为了实现“学生成绩管理系统”这个项目的各个功能，需要定义数据来存放 30 名学生的 C 语言程序设计课程的成绩、最高分以及最低分等数据，并对这些数据进行运算，比如求班级的平均分、班级的通过率等。

要完成这个任务，周老师要给项目组的同学们分析一下需要掌握哪些知识。

首先，需要定义数据来存放 30 名同学的 C 语言成绩，由于数据是存放在计算机的内存中，而内存中是以二进制来表示数据的，因此必须要学习计算机中的数制。其次，不同的数据类型在内存中的存放形式不同,因此要确定用哪种数据类型来存储数据。因此,需要掌握C语言数据类型的相关知识。有了数据,要实现求平均分、通过率等功能,需要对数据进行运算,因此必须掌握C语言的运算符及其表达式的相关知识与技能。

## 相关知识与技能

### 2-1-1 数制

1. 数制的概念

数制是数值的表示规则。常用的数制有十进制、二进制、八进制、十六进制。其中常用的数制是十进制,而计算机中执行、存储的是二进制代码。在软件系统中,以上数制都是常用的。数制及其转换在很多场合都需应用,所以应该正确理解。

十进制数10分别用二进制、八进制、十六进制表示如下。

① 二进制:1010(计算机能执行的是二进制代码)。

② 八进制:12。

③ 十六进制:A。

2. 数制中的三个基本概念

(1) 数位。

① 十进制:0、1、2、3、4、5、6、7、8、9。

② 二进制:0、1。

③ 八进制:0、1、2、3、4、5、6、7。

④ 十六进制:0、1、2、3、4、5、6、7、8、9、A、B、C、D、E、F。

(2) 位权。

位权:每位所代表的权重。设用 $i$ 表示数位,个位为1,前1位为2,依次类推,用 $N$ 表示数制,如10,2,8,16。则位权公式为 $N^{i-1}$。

例如,十进制中11,个位的位权为1,十位的位权为10。

(3) 数值。

数值按位权展开:数值 $= \sum_{\text{各数位}}$ 数位 × 位权。

3. 数制之间的转换

(1) 二进制与八、十六进制之间的转换。

① 八进制与二进制:1位八进制数转换为3位二进制数,反之亦然。

| 0 | 1 | 2 | 3 | 4 | 5 | 6 | 7 |
|---|---|---|---|---|---|---|---|
| 000 | 001 | 010 | 011 | 100 | 101 | 110 | 111 |

② 十六进制与二进制:1位十六进制数转换为4位二进制数,反之亦然。

| 0 | 1 | 2 | 3 | 4 | 5 | 6 | 7 |
|---|---|---|---|---|---|---|---|
| 0000 | 0001 | 0010 | 0011 | 0100 | 0101 | 0110 | 0111 |
| 8 | 9 | A | B | C | D | E | F |
| 1000 | 1001 | 1010 | 1011 | 1100 | 1101 | 1110 | 1111 |

(2) 其余进制与十进制之间的转换。

① 二进制、八进制、十六进制向十进制的转换：利用数值计算公式。

**【例 2-1】** 将下列各数值转换为十进制。

十进制数 $12=1\times10^1+2\times10^0=12$(十进制)。

二进制数 $1010=1\times2^3+0\times2^2+1\times2^1+0\times2^0=10$ (十进制)。

八进制数 $12=1\times8^1+2\times8^0=10$(十进制)。

十六进制数 $1A=1\times16^1+A\times16^0=26$(十进制)。

② 十进制向二进制、八进制、十六进制转换：除 2/8/16 取余，自下而上。

**【例 2-2】** 将十进制数 13 转换为二进制、八进制、十六进制数。

可以将 13 分别除 2/8/16 取余，自下而上取余。

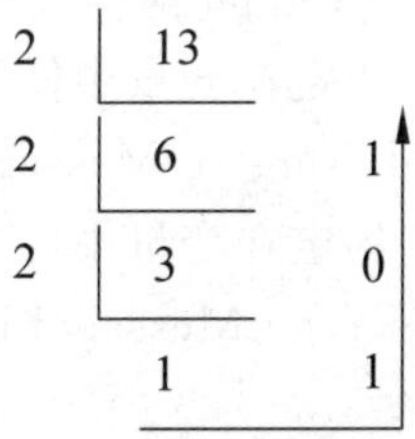

```
2 | 13
  ------
2 | 6      1 ↑
  ------
2 | 3      0
  ------
    1      1
```

十进制 13 转换为二进制数为 1101。验证：$1101=1\times2^3+1\times2^2+1\times1^0=13$。

十进制 13 转换为八进制数为 15。验证：$15=5\times8^0+1\times8^1=13$。

十进制 13 转换为十六进制数为 D。验证：$D=D\times16^0=13$。

## 2-1-2　标识符与命名规范

1. 标识符

在 C 语言中，标识符用来标识变量、函数名、数组名、自定义类型名(结构类型，共用类型和枚举类型)、自定义函数、标号和文件等有效字符序列。

2. 标识符的命名规则

(1) 标识符由字母、数字和下画线组成。

(2) 标识符以字母或下划线开头的字母、数字和下画线的组合。

(3) C 语言字母大小写敏感。

(4) 用户标识符不能和 C 语言中的关键字相同。

(5) VC++ 6.0 中标识符的最大长度为 64 个字符。

3. 标识符的分类

C 语言中，标识符可分为以下 3 类。

(1) 关键字标识符

C 语言中的关键字共有 32 个，它们已有专门的含义，不能用作其他标识符。根据关键字的作用，可将其分为数据类型关键字、控制语句关键字、存储类型关键字和其他关键字四类。

数据类型关键字(12 个)：char，double，enum，float，int，long，short，signed，struct，union，unsigned，void。

控制语句关键字(12 个)：break，case，continue，default，do，else，for，goto，if，return，switch，while。

存储类型关键字(4 个)：auto，extern，register，static。

其他关键字(4 个)：const，sizeof，typedef，volatile。

(2) 预定义标识符

预定义标识符是指 C 语言提供的库函数名和预编译处理命令等。

(3) 用户自定义标识符

用户在编程时，要给一些变量、函数、数组、文件等命名，将这类由用户根据需要自己定义的标识符称为用户自定义标识符。

4. C 语言命名规范

常用的命名规则主要有 Pascal 及 Camel 两种大小写命名规则。

(1) Pascal 大小写规则：该规则约定在变量中使用的所有单词的第一个字符都大写，并且不使用空格和符号。例如：AddUser、GetMessageList。

(2) Camel 大小写规则：该规则约定在变量中使用的第一个单词的字母全小写，其余单词的首字母都大写。例如：addUser、getMessageList。

5. C 命名约定

(1) 函数名推荐使用 Pascal 大小写规则。

(2) 变量名推荐使用 Camel 大小写规则。

(3) 常量推荐使用全大写及下画线命名。

### 2-1-3 常量

常量是在程序执行过程中，其值不会发生变化的量。常量可分为直接常量和符号常量。

1. 直接常量

直接常量又称为字面常量。举例如下。

(1) 整型常量：12、0、－3；

(2) 实型常量：4.6、－1.23；

(3) 字符常量：'a'、'B'、'1'；

(4) 字符串常量："abc"。

2. 符号常量(宏)

符号常量用一个标识符代表一个常量，又称为宏，定义格式如下。

```
#define 标识符 常量
```

#define 是一条预处理指令(预处理指令都以#开始)，又称为宏定义。其功能就是把该标识符定义为其后的值，一经定义，以后在程序中出现该标识符的地方都用后面的常量代替。这是一种字符替换。

### 2-1-4 变量

在程序运行过程中，其值可以被改变的量称为变量。

1. 变量三要素

(1) 变量名：每个变量都必须有一个名字，即变量名。

(2) 变量值：在程序中，通过变量名来引用变量的值。

(3) 变量的存储单元及其地址：变量值存储在内存中；不同类型的变量，占用的内存单元(字节)数不同。存储单元的首地址即变量的地址。

2. 变量的命名规则

由字母、数字、下画线组成，以字母或下画线开头，不能与关键字相同。注意点：大小写敏感；习惯上用 Camel 命名法；且要做到"见名知意"。

3. 变量的定义与初始化

在 C 语言中，要求对所有用到的变量，必须先定义后使用。在定义变量的同时，进行赋初值的操作称为变量初始化。变量定义的一般格式如下。

```
数据类型  变量名 1[ = 初始值] ,变量名 2[ = 初始值],…;
```

例如：

```
int i, j, k;                    /*定义 i,j,k 为整型变量*/
long m, n;                      /*定义 m,n 为长整型变量*/
float r, l, area;               /*定义 r,l,area 为实型变量*/
char ch1,ch2;                   /*定义 ch1,ch2 为字符型变量*/
```

### 2-1-5 C 语言中的数据类型

1. 整型数据

(1) 整型变量的分类。

有符号基本整型：[signed] int。

无符号基本整型：unsigned [int]。

有符号短整型：[signed] short[int]。

无符号短整型：unsigned short [int]。

有符号长整型：[signed] long [int]。

无符号无符号长整型：unsigned long [int]。

无符号数和有符号数的区别是：无符号数的所有二进制数位都用来存放数字(无符号数均为正数)，有符号数的首位则用来存在符号，0 为正，1 为负。

(2) 整型常量四种表示形式。

在程序中是根据前缀来区分各种进制数的。

① 十进制整常数。由数字 0～9 和正(+)负(-)号组成。合法十进制整常数举例：237、-568、65535、1627。不合法十进制整常数举例：023、23D。

② 八进制整常数。由数字 0～7 组成，在常量前加 0，通常表示无符号数。合法八进制整常数举例：015、0101、0177777。不合法八进制整常数举例：256、03A2。

③ 十六进制整常数。由数字 0～9 和 A～F(a～f)号组成，在常量前加 0x(或 0X)，通常也表示无符号数。合法十六进制整常数举例：0X2A、0XA0、0XFFFF。不合法十六进

制整常数举例：5A、0X3H。

④ 符号常量的定义举例如下。

```
#define  N    5
```

(3) 各类整型变量所分配的内存字节数和表示范围表，如表 2-1 所示。

**表 2-1　各类整型变量表**

| 变 量 类 型 | 类型标识符 | 内存中占用空间大小(字节) |
| --- | --- | --- |
| 基本整型 | int | 2 |
| 无符号基本整型 | unsigned [int] | 2 |
| 短整型 | short 或 short [int] | 2 |
| 无符号短整型 | unsigned short [int] | 2 |
| 长整型 | long[int] | 4 |
| 无符号长整型 | unsigned　long [int] | 4 |

(4) 整型变量的定义举例如下。

```
void main()
{
    int a , c = 230 ;
    long b;
    a = 12 ;
    b = 24L;
}
```

2. 实型数据

(1) 实型常量。

实型常量即实数，在 C 语言中又称浮点数，其值有两种表达形式：小数形式和指数形式。

① 小数形式：由数字和小数点组成。例如：3.14159，9.8，－12.567。

② 指数形式：一般格式为尾数 E(e)整型指数。例如：3.05E＋5，－1.2342e－12。

**注意**：字母 e 或 E 之前必须有数字；字母 e 或 E 之后的指数必须为整型；在字母 e 或 E 的前后以及数字之间不得插入空格。

不合法实型常量举例：e6，－2.432E0.5，5.234125e(3＋6)，2.543543E13。

符号常量的定义举例如下。

```
#define PI 3.1415926
const  double  PI = 3.1415926
```

(2) 实型变量的定义举例如下。

```
float a, b = 3.13145;
double x, y =  - 4.6456;
```

C 语言实型变量分为单精度型(float)和双精度型(double)，如表 2-2 所示。

表 2-2　实型变量表

| 变量类型 | 类型标识符 | 占用的字节数(字节) |
|---|---|---|
| 单精度型 | float | 4 |
| 双精度型 | double | 8 |

3．字符型数据

(1) 字符常量。

用一对单引号括起来的单个字符，称为字符常量，如'A'、'6'、'＋'等。C语言还允许使用一种特殊形式的字符常量，就是以反斜杠"\"开头的转义字符，该形式将反斜杠后面的字符转变成另外的意义，因而称为转义字符，如表2-3所示。

表 2-3　C语言的转义字符

| 转义字符 | 含　义 | 转义字符 | 含　义 |
|---|---|---|---|
| \0 | 空字符(NULL) | \f | 换页符(FF) |
| \n | 换行符(LF) | \' | 单引号 |
| \r | 回车符(CR) | \" | 双引号 |
| \t | 水平制表符(HT) | \\ | 反斜杠 |
| \v | 垂直制表符(VT) | \ddd | 三位8进制数表示的字符 |
| \a | 响铃(BEL) | \xhh | 二位16进制数表示的字符 |
| \b | 退格符(BS) | | |

(2) 字符变量。

字符变量的类型关键字为char，占1字节内存单元。

字符变量的定义示例如下。

```
char  ch1 , ch2 ;
ch1 = 'a';
ch2 = 'b';
```

字符变量的存储形式：存储到一个字符变量中的，实际上是将该字符的ASCII码值(无符号正数)存储到内存单元中。字符变量存储的是字符的ASCII码，因此字符数据可以参与整型数据的运算，其实就是其ASCII码参与运算。ASCII码是美国标准信息交换用代码的简称，是字符在计算机内的二进制编码规范。

例如，32 ＋'a'相当于32 ＋ 97，因为'a'的ASCII码值为97。

4．字符串常量

(1) 字符串概念。

字符串常量是用一对双撇号括起来的若干字符序列，如"hello world"、"china"。

(2) 字符串长度。

字符串中所含字符的个数称为字符串长度。长度为0的字符串(即一个字符都没有的字符串)称为空串，表示为""(一对紧连的双撇号)。

以下定义是错误的：

```
char c; c = "a";
```

说明：C语言中没有专门的字符串变量，字符串变量可用字符数组来表示。

(3) 字符串的存储。

C语言规定：在存储字符串常量时，由系统在字符串的末尾自动加一个\0作为字符串的结束标志。注意，在源程序中书写字符串常量时，不必加结束字符\0，系统会自动加上。

字符串"CHINA"在内存中的实际存储如下。

| C | H | I | N | A | \0 |
|---|---|---|---|---|---|

## 任务实施

通过以上知识的学习，项目组就可以实施学生成绩系统中数据的定义。由于有30名同学，为了系统后期的维护，可以定义一个符号常量来代替30，如果后期班级人数变化，只需要修改符号常量代替的数值，而不要修改程序中每一处出现30的地方；定义存放最高分以及最低分的变量，由于成绩都是整数，因此应定义为int类型；为了实现学生成绩管理系统，还需要定义存放平均分以及及格率的变量，由于平均分和及格率都是带有小数的，因此应定义为double类型。

(1) 班级中有30名同学，定义符号变量来表示常数30。定义：#define N 30。

(2) 对班级成绩求最高分功能中的变量定义。由于30名同学的成绩都是整数，因此最高分也是整型数据，因此应定义为int型。定义：int max。

(3) 对班级成绩求最低分功能中的变量定义。由于30名同学的成绩都是整数，因此最低分也是整型数据，因此应定义为int型。定义：int min。

(4) 对班级成绩求平均分功能中的变量定义。由于平均分是小数形式，因此应定义为double型。定义：double average。

(5) 对班级成绩求通过率功能中的变量定义。由于通过率是小数形式，因此应定义为double型。定义：double passrage。

## 任务拓展

求任意圆的面积，此程序需要哪些数据？如何定义这些数据？

任务分析：此程序需要两个变量，其中一个变量来存放需输入的半径，另一个变量来存放面积，两个都是实型数据。

变量定义：

```
float  r;
double  area ;
```

常量定义：

```
#define  PI  3.1415926
```

# 任务 2-2：数据运算

## 任务描述与分析

通过任务 2-1 的实施，完成了“学生成绩管理系统”中所需数据的定义。基于项目需求分析及功能图，“学生成绩管理系统”需要实现求最高分、最低分、平均分、通过率等功能，那么需要对任务 2-1 中定义的数据进行运算。接下来周老师要求设计求最高分、最低分、平均分、通过率等功能中使用的运算符及表达式。

要完成这个任务，周老师要给项目组的同学们分析一下需要掌握哪些知识。数据要参与运算，那么就必须要掌握 C 语言运算符以及表达式的相关知识与技能，C 语言的运算主要包括算术运算符、关系运算符、逻辑运算符及其他运算符。

## 相关知识与技能

### 2-2-1　算术运算符与算术表达式

算术运算符表如表 2-4 所示。

表 2-4 算术运算符表

<table>
<tr><th>运算符</th><th>功能</th><th>运算对象</th><th>运算结果</th><th>优先级</th><th>结合性</th></tr>
<tr><td>+、-</td><td>正、负</td><td>整型或实型</td><td>整型或实型</td><td>1</td><td>自右向左</td></tr>
<tr><td>*</td><td>乘</td><td rowspan="2">整型或实型</td><td rowspan="2">整型或实型</td><td rowspan="3">2</td><td rowspan="5">自左向右</td></tr>
<tr><td>/</td><td>除</td></tr>
<tr><td>%</td><td>求余</td><td>整型</td><td>整型</td></tr>
<tr><td>+</td><td>加</td><td colspan="2" rowspan="2">整型或实型</td><td rowspan="2">3</td></tr>
<tr><td>-</td><td>减</td></tr>
</table>

说明：

(1) 两个整数相除结果为一整数，1/2 的结果为 0。

(2) 取余两边的数只能是整数，1%2 的结果为 1。

### 2-2-2　关系运算符与关系表达式

关系运算符表如表 2-5 所示。

表 2-5　关系运算符表

<table>
<tr><th>运算符</th><th>功能</th><th>运算对象</th><th>运算结果</th><th>优先级</th><th>结合性</th></tr>
<tr><td>></td><td>大于</td><td rowspan="6">整型、实型或字符型</td><td rowspan="6">若关系成立，结果为 1；<br>若关系不成立，结果为 0</td><td rowspan="4">1</td><td rowspan="6">自左向右</td></tr>
<tr><td><</td><td>小于</td></tr>
<tr><td>>=</td><td>大于等于</td></tr>
<tr><td><=</td><td>小于等于</td></tr>
<tr><td>==</td><td>等于</td><td rowspan="2">2</td></tr>
<tr><td>!=</td><td>不等于</td></tr>
</table>

说明：关系运算符的优先级低于算术运算符。6＋5＞5＞4 的结果为 0，因为 6＋5 的结果等于 11，11＞5 的结果为真，就是 1；1＞4 的结果为假，就是 0。

### 2-2-3 逻辑运算符与逻辑表达式

逻辑运算符表如表 2-6 所示。

表 2-6 逻辑运算符表

| 运算符 | 功能 | 运算对象 | 运算结果 | 优先级 | 结合性 |
|---|---|---|---|---|---|
| ! | 逻辑非 | 整型、实型或字符型 | 0 或 1 | 1 | 自右向左 |
| && | 逻辑与 | | | 2 | 自左向右 |
| ‖ | 逻辑或 | | | 3 | |

说明：C 语言中用 0 表示假，非 0 表示真(通常用 1)。

短路：

(1) 表达式 1 && 表达式 2，如果表达式 1 为假时，表达式 2 不会被计算。

(2) 表达式 1 ‖ 表达式 2，如果表达式 1 为真时，表达式 2 不会被计算。

### 2-2-4 其他运算符

1. 自增、自减运算符

自增、自减运算符的作用是使变量的值增 1 或减 1。结合性自右向左，分为前置和后置。优先级与逻辑非(!)同级，运算对象必须是变量，不能是常量或表达式。

说明：

(1) ＋＋i，－－i：表示在使用 i 之前，先使 i 的值加(减)1。

(2) i＋＋，i－－：表示在使用 i 之后，再使 i 的值加(减)1。

2. 赋值运算符和赋值表达式

复合赋值运算符：＋＝、－＝、＊＝、/＝。

说明：

(1) a＊＝b 等同于 a＝a＊b。

(2) a＊＝b＋8 等同于 a＝a＊(b＋8)，因为算术运算符优先级高。

3. 逗号运算符和逗号表达式

“,”是 C 语言中提供的一种特殊运算符，在所有的运算符中，它的优先级是最低的，结合性自左向右。

说明：由逗号运算符组成的表达式称为逗号表达式，其值为最后 1 个表达式的值。它的一般形式：表达式 1，表达式 2，…，表达式 *n*。例如：x＝y＝6，x＋y，y＋1。

4. 条件运算符和条件表达式

“?：”称为条件运算符，其一般形式如下。

```
表达式 1?表达式 2: 表达式 3
```

说明：首先计算表达式 1，如果非 0，则表达式 2 的值作为条件表达式的值；如果表达式 1 的值为 0，则表达式 3 的值作为条件表达式的值。例如，若 x＝5，y＝3，则(x＞y)?x：

y 的值为 5。

5. 强制类型转换运算符

它的功能是将表达式的结果强制转换成指定的类型。强制类型转换表达式的形式如下。

```
(强制类型名)(表达式)
```

例如,(int)(10.5)的结果为 10。

说明:整型、实型、字符型数据可以进行混合运算。在进行运算时,应先把不同类型的数据转换为同一类型,然后进行运算。转换规则如图 2-1 所示。

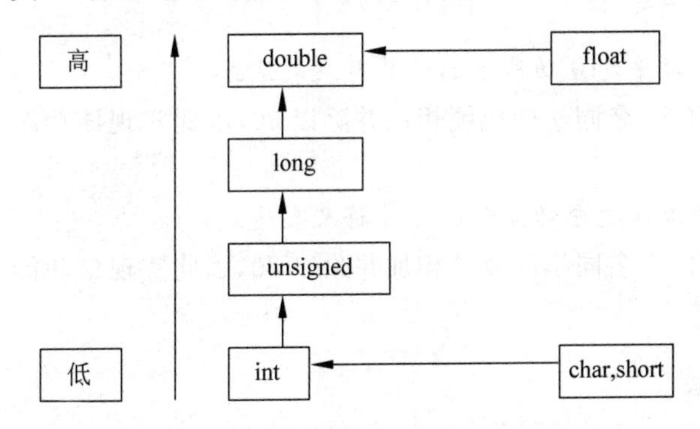


图 2-1　不同数据类型运算转换规则

### 2-2-5　C 运算符的优先级和结合性

运算符的优先级和结合性如表 2-7 所示。

**表 2-7　运算符的优先级和结合性表**

| 运　算　符 | 优　先　级 | 结　合　性 |
| --- | --- | --- |
| () [] . -> | 1 | 左 |
| ! + - ++ -- & * sizeof | 2 | 右 |
| * / % | 3 | 左 |
| + - | 4 | 左 |
| <<= >>= | 5 | 左 |
| == != | 6 | 左 |
| && | 7 | 左 |
| \|\| | 8 | 左 |
| ?: | 9 | 右 |
| = += -= *= /= %= | 10 | 右 |
| , | 11 | 左 |

## 任务实施

通过以上知识的学习,项目组可以实施学生成绩系统中求最高分、最低分、平均分、通过率、对班级成绩进行排序等功能的任务了。接下来利用本任务的知识点来分析和设计求最高分、最低分、平均分、通过率、对学生成绩进行排序等功能中所需的运算符及表达式。

1. 对班级成绩求最高分功能中的运算符及表达式

求最高分，需将最高分 max 与 30 名同学的成绩一一进行比较，若某个学生成绩大于 max，应将该学生成绩赋给 max，因此实现该功能需用到比较运算符“＞”以及赋值运算符“＝”。

2. 对班级成绩求最低分功能中的运算符及表达式

求最低分，需将最低分 min 与 30 名同学的成绩一一进行比较，若某个学生成绩小于 min，应将该学生成绩赋给 min，因此实现该功能需用到比较运算符“＜”以及赋值运算符“＝”。

3. 对班级成绩求平均分功能中的运算符及表达式

求平均分，需将 30 名同学的成绩相加并除以 30，因此实现该功能需用到算数运算符“＋”以及“/”。

4. 对班级成绩求通过率功能中的运算符及表达式

求通过率，需将 30 名同学的成绩相加并除以 30，因此实现该功能需用到算数运算符“＋”以及“/”。

## 任务拓展

1. 任务拓展 1

试写出分别取某三位数的各位数字的 C 语言表达式。

任务分析：设此数存放在整型变量 x 中，b 变量表示百位数，s 变量表示十位数，g 变量表示个位数，则各位数字的 C 语言表达式如下。

百位数：b＝x/100；

十位数：s＝x％100/10；

个位数：g＝x％10。

在本任务的实施中，利用“/”运算符的特点，两边都是整数结果取整，故可以得到该三位数的百位数；将“/”和“％”配合使用可以得到十位数；利用求余“％”运算符，可以得到个位数。

2. 任务拓展 2

试写出判断某三位数是否是完数的表达式(若某三位数各位数字的立方和等于其本身，则该三位数是完数)。

任务分析：要判断某数是否是完数，首先应求该三位数的各位数字，然后求各位数字的立方和，再进行判断。

任务实施：接任务拓展 1，已算出各位数字，则只要判断。

判断某三位数是否为完数的 C 语言表达式：x＝＝b＊b＊b＋s＊s＊s＋g＊g＊g。

在本任务的实施中，主要运用了算术运算符“/”和“％”进行运算，得到了三位数的各位数字。判断某三位数是否为完数时，注意应使用“＝＝”运算符，表示等于运算，而“＝”运算符表示赋值运算符。

# 模 块 总 结

本模块主要实现了“学生成绩管理系统”中数据定义和数据运算符的学习，为后续实现该项目的各功能打下了基础。通过本模块的学习和实现，读者应该基本掌握了程序设计基本概念和进制、标识符与命名规范、C语言基本数据类型的定义以及运算符与表达式的使用。其中，C语言基本数据类型的定义是本模块的重点，需要读者能熟练掌握，这样才能真正掌握该方面的知识与技能；而运算符与表达式的使用是本模块的难点，需要读者通过自己的项目实践多练、多做、多积累经验，这样才能达到熟能生巧的程度。

在模块实施的过程中，学习到了C语言的一些基本知识和语法，具体如下。

(1) 数制的概念：数值的表示形式。数制中的三个基本概念：数位、位权和数值。由于数据在内存中是以二进制形式存放的，因此必须掌握数制的概念。

(2) 标识符的命名规则：标识符由字母、数字和下画线组成；标识符以字母或下画线开头的字母、数字和下画线的组合；C语言字母大小写敏感；用户标识符不能和C语言中的关键字相同；VC++ 6.0中标识符的最大长度为64个字符。在本模块的变量定义时，应严格遵循表示的命名规则。

(3) 算术运算符与算术表达式：算术运算符由“＋”“－”“*”“/”“%”等运算符组成。在后续模块的实施中，需利用“＋”“－”以及“/”运算符，对学生成绩进行求平均分、各分数段所占比率统计等操作。

(4) 关系运算符与关系表达式：关系运算符由“＞”“＞＝”“＜”“＜＝”“＝＝”“!＝”运算符组成，由关系运算符和运算对象组成的式子是关系表达式。在后续模块的实施中，需使用关系运算符，可以实现学生成绩管理系统中求最高分、最低分等功能。

(5) 赋值运算符和赋值表达式：“＝”赋值运算符要与等于运算符“＝＝”区别开来。在后续模块的实施中，可以使用赋值运算符，可以实现学生成绩管理系统中成绩排序功能中数据的交换。

# 作 业 习 题

1. 将十进制数120分别转换为二进制、八进制、十六进制形式，并验证其正确性。
2. 查阅相关资料说明十进制基本整型数据38和－38在计算机的内部表示。
3. 字符串"tfn\n\t123"的长度与所占内存空间大小分别是多少？
4. 读下面的程序段，写出z的值。

```
#define N  5
#define Y(n)  ((N+2)*n)
…
z=3*(N+Y(3+1));
…
```

5. 设计“求圆的面积和周长”程序的数据结构。

6. 查阅 ASCII 码表，写出将字符大写字母转换为字符小写字母的公式。

7. 写出能表述 x＞100 或 20＜x＜50 的 C 语言表达式。

8. 求表达式 23＞16&&12 || 2 与(23＞16&&12)＋2 的值?

9. 若 a＝12，则执行语句“a＋＝a－＝a * a;”后 a 的值是多少?

10. 若 a＝1，b＝2，c＝3，d＝4，则执行语句“＋＋a＜b＋＋ && (＋＋d , c＋＝d);”后，a、b、c、d 的值分别是多少?

11. 执行语句“int x＝4 , y ; y＝x－－ ;”后 x 与 y 的值分别是多少?

12. 若 a＝1，b＝2，c＝3，d＝4，则表达式 a＞b? a:c＜d? a:d 的结果是多少?

13. 若有定义“char a ; int b ; float c ; double d;”，则表达式 a * b＋d－c 的值的类型是什么?

14. 结合自身体会，描述数学公式与 C 语言中公式在写法上的不同。

15. 试设计数据结构和算法，判某一个整数是否为素数。

# 项目用户菜单设计

模块二介绍了“学生成绩管理系统”的数据定义和运算符相关知识，本模块开始搭建项目框架，完成项目的两级菜单的设计。项目中包含主菜单和子菜单（管理员、学生用户）。系统运行首先进入主菜单，通过选择进入相应用户的子菜单，再选择进入各个菜单功能。由于菜单的选择应该具有重现性和循环性，因此，本模块的主要任务就是完成主菜单和子菜单的循环显示和选择，为下一模块的学生成绩管理功能提供调用界面。

**【工作任务】**

（1）任务 3-1：主菜单显示。
（2）任务 3-2：主菜单选择。
（3）任务 3-3：子菜单选择。
（4）任务 3-4：菜单循环显示。

**【学习目标】**

（1）掌握程序控制的顺序、选择和循环三大结构，并能够熟练画出算法流程图。
（2）掌握顺序结构的输入输出语句。
（3）掌握分支结构的 if 语句和 switch 语句。
（4）掌握循环结构的 while 语句和 do while 语句。

## 任务 3-1：主菜单显示

### 任务描述与分析

周老师将班级所有同学划分为五个项目组，要求每个项目组完成“学生成绩管理系统”的主菜单的显示，具体实现效果如图 3-1 所示。系统运行时，首先进入主菜单，主菜单有 3 个选项，分别为：1——管理员、2——学生、0——退出。

学生成绩管理系统

1——管理员
2——学生
0——退出

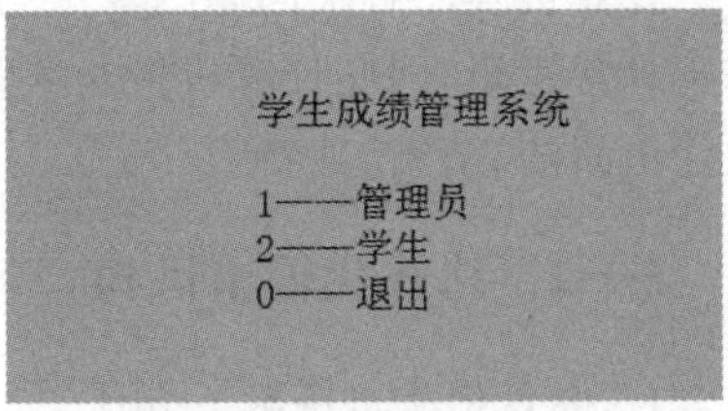

图 3-1 主菜单

要完成这个任务，周老师要给项目组的同学们分析一下需要掌握哪些知识。

首先，程序开发前要了解算法流程图和基本的程序控制结构。在进行程序设计之前，要将解决这个任务的程序结构理清，并将算法描述出来才能进行编码。

其次，本任务需要用到C语言中的格式输出语句。

## 相关知识与技能

### 3-1-1 算法和程序结构

程序设计就是面对一个需解决的实际问题，设计适合于计算机的算法，并利用程序设计语言（如C语言）写出算法成为程序、运行程序，此问题得以解决。而程序是解决特定问题所需要的语句集合。算法是为解决某个特定问题而采取的确定有效的步骤。算法的描述可以通过自然语言法、伪代码法、流程图表示法、高级语言表示法。下面介绍一下传统流程图的算法描述方法。

传统流程图符号如图3-2所示。

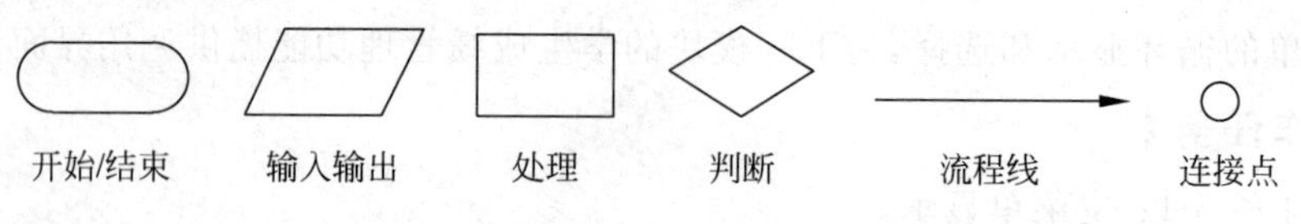


图3-2 传统流程图符号及功能

基本的程序结构有以下3种。

(1) 顺序结构。语句顺序逐条执行，不发生流程转移，如图3-3所示。

(2) 选择结构。选择结构流程图如图3-4所示。

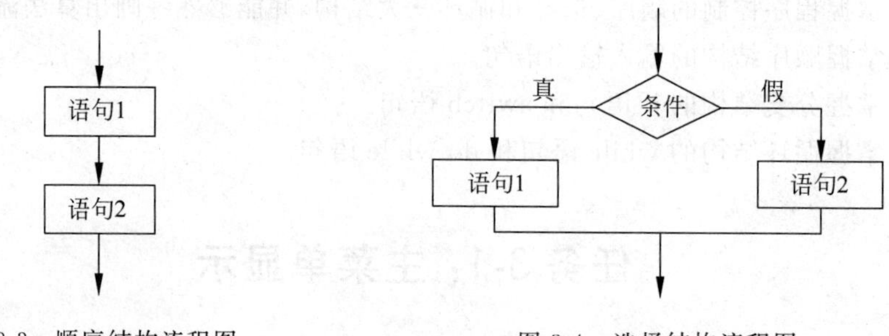


图3-3 顺序结构流程图　　图3-4 选择结构流程图

(3) 循环结构。循环结构分为当型循环和直到型循环两种，分别如图3-5、图3-6所示。

理论已经证明，利用这三种程序结构可以解决任意问题。

计算机程序解决问题的算法与人们日常解决相同问题的算法相比较：程序设计算法基于日常逻辑，因此计算机擅长大量的重复计算，引入了循环/判断等结构，程序设计算法往往更简洁、清晰、独特。

### 3-1-2 格式化输出语句

1. 格式化输出函数printf

printf函数的作用是向系统指定的隐含输出设备输出若干数据。

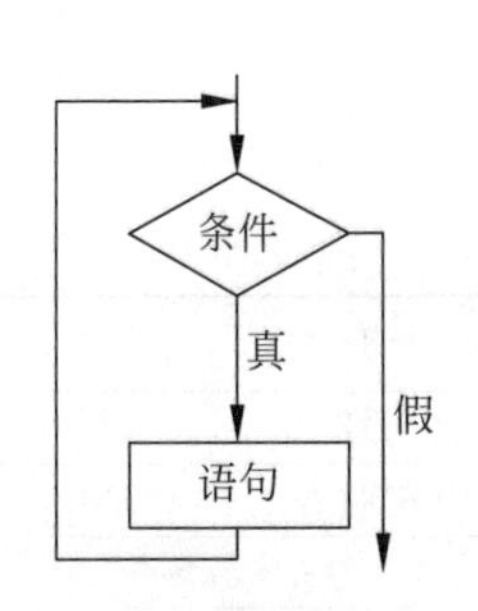


图 3-5　循环结构流程图——当型循环

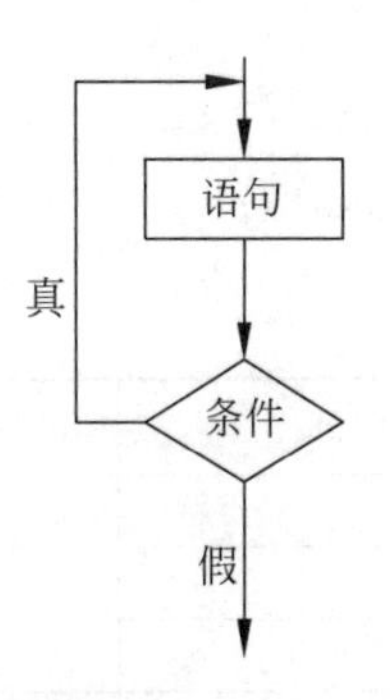


图 3-6　循环结构流程图——直到型循环

printf 函数的语法格式如下。

```
printf("格式控制字符串",输出项列表);
```

其中,输出项列表可以是常量、变量、表达式、函数调用等;格式控制字符串一般包含两部分,即格式控制符和其余字符。格式控制符是以“%”开头的字符串,控制输出数据的类型和格式。其余字符指原样输出的提示字符串,有几个“%”,就有几个输出项。

那么,“printf("x=%d,y=%d\n",x,y);”语句中哪些是格式控制符?哪些是提示字符串?会输出什么?

输出用格式控制字符串为“%格式字符”。表 3-1 列出了常用的格式字符。

**表 3-1　格式字符**

| 格式字符 | 说　明 |
|---|---|
| %d,i | 输出带符号的十进制数(正数不带符号) |
| %u | 输出无符号的十进制数 |
| %o | 输出无符号的八进制数(不输出前导符 0) |
| %x,X | 输出无符号的十六进制数(不输出前导符 0 x) |
| %c | 以字符形式输出 1 个字符 |
| %s | 输出 1 个字符串(到第 1 个'\0'为止) |
| %f | 输出小数形式的实数(隐含输出 6 位小数) |
| %e,E | 输出指数形式的实数(隐含输出 6 位小数) |
| %g,G | 输出%f 和%e 中宽度较短的,不输出无意义的 0 |
| %p | 输出指针地址 |
| %% | 输出% |

附加的输出用格式字符串为"%附加格式字符格式字符",如表 3-2 所示。

2. 字符输出函数

字符输出函数为 putchar(ch),可以向终端输出 1 个字符,与 printf 的%c 格式输出无区别。

例如

putchar('y');

putchar('\n');

```
putchar(ch);
putchar('0xa');
```

表 3-2 附加格式字符

| 附加字符 | 说 明 |
|---|---|
| + | 输出的数字总带+号或-号 |
| - | 输出的数据在所在域中左对齐 |
| l | 输出长整型 |
| m | 输出数据的最小宽度 |
| .n | 输出数据中小数点后的位数 |
| # | 使输出的8或16进制数带前导0或0x |

3. 字符串输出函数

字符串输出函数为puts(字符串常量/字符串地址)，可以将字符串内容输出，直至遇到'\0'，并且自动换行。

例如，语句

```
printf("%s","I am a good student");
```

可以输出字符串"I am a good student"，但不会自动换行。语句

```
puts("I am a good student");
```

也可以输出字符串"I am a good student"，但会换行。

### 3-1-3 空语句和复合语句

1. 空语句

空语句只有一个";"，语句为空，不执行任何操作，但在构成程序结构或调试阶段还是很有用的。

2. 复合语句

多于1条的语句用{}括起来，称为复合语句。复合语句在语法上等同于1条语句，凡是单个语句出现的地方，都可以出现复合语句，大大增强了程序的处理能力。在复合语句内部可以包含任何数据结构定义和其他语句，在其内部定义的变量只在此复合语句内起作用。

3. 注释

注释：为了使编码人员和其他读者更好地理解程序，在程序中写的注解。

//：用于单行注释；

/*...*/：用于多行注释或块注释。

注释的内容是不进行编译和执行的，因此注释有两个作用：对程序进行注解；屏蔽不需执行的代码。

## 任务实施

通过以上知识的学习，项目组就可以实施主菜单显示的任务了。在 main 函数中添加代码来完成。用 3 个 printf 语句输出提示字符串(3 个选择)，注意各行的对齐方式。

代码实现：

```
void main()
{
    printf("\t\t      学生成绩管理系统\n\n");
    printf("\t\t      1——管理员\n");
    printf("\t\t      2——学生\n");
    printf("\t\t      0——退出\n");
    printf("\n");
    printf("\n");
}
```

## 任务拓展

1. 任务拓展 1

试根据主菜单的显示的实施过程完成管理员和学生子菜单的显示。

管理员功能如下。

(1) 班级成绩添加。

(2) 班级成绩浏览。

(3) 求最高分。

(4) 求最低分。

(5) 求平均分。

(6) 求各分数段所占比率。

(7) 成绩排序。

因此，管理员子菜单可以由 8 个 printf 语句输出提示字符串(8 个选择)。

代码实现：

```
void main()
{
    printf("\t\t      管理员成绩管理功能\n\n");
    printf("\t\t      1——班级成绩添加\n");
    printf("\t\t      2——班级成绩浏览\n");
    printf("\t\t      3——最高分\n");
    printf("\t\t      4——最低分\n");
    printf("\t\t      5——平均分\n");
    printf("\t\t      6——各分数段所占比率\n");
    printf("\t\t      7——成绩排序\n");
    printf("\t\t      0——退出\n");
}
```

学生功能有：查询成绩。

因此，学生子菜单可以由 2 个 printf 语句输出提示字符串(8 个选择)。

代码实现：

```
void main()
{
    printf("\t\t      学生成绩管理功能\n\n");
    printf("\t\t      1——查询成绩\n");
    printf("\t\t      0——退出\n");
}
```

2. 任务拓展 2

试用"＊"字符画一只兔子形状。利用格式化输出函数。

任务分析：可以用 printf 函数逐行打印出兔子的形状。

代码实现：

```
void main()
{
    printf("\n");
    printf("\n");
    printf("\t this is a rabbit!\n");
    printf("\n");
    printf("\n");
    printf("\t*              *\n");
    printf("\t * *       * *\n");
    printf("\t   * *     * *\n");
    printf("\t    * *   * *\n");
    printf("\t       * * *\n");
    printf("\t     *       *\n");
    printf("\t    * * * *\n");
    printf("\t   *       *\n");
    printf("\t*      *     *\n");
    printf("\t*    * * *     *\n");
    printf("\t *            *\n");
    printf("\t     * * * *    \n");
    printf("\n");
    printf("\n");
}
```

# 任务 3-2：主菜单选择

## 任务描述与分析

"学生成绩管理系统"的主菜单显示已经完成，现在周老师要求每个项目组完成对主菜单的选择，具体实现效果如图 3-7 所示。系统运行时，显示主菜单，当选择 1 时应该进入管理员子菜单，当选择 2 时进入学生子菜单，选择 0 时退出系统。

要完成这个任务，周老师要给项目组的同学们分析一下需要掌握哪些知识。

要进行主菜单的选择，首先需要用户从键盘输入数字进行选择，系统接收到输入，然后根据接收到的数字进行判断，再进行跳转。

因此，本任务需要用到 C 语言中的格式输入语句和判断分支语句。

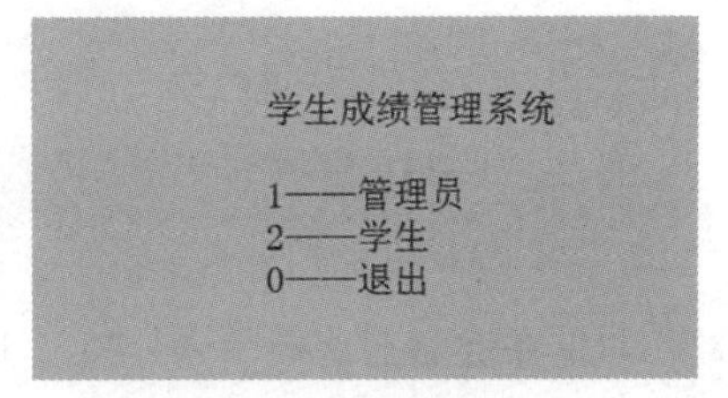

图 3-7　主菜单选择

## 相关知识与技能

### 3-2-1　格式化输入语句

1. 格式化输入函数 scanf

格式化输入函数可以在系统指定的隐含输入设备上输入数据到变量。

scanf 函数的语法格式如下。

```
scanf("格式控制字符串",变量地址 1,变量地址 2,...);
```

有几个%，就有几个 &，如“scanf("%d%d",&x,&y);”。

格式控制字符串为"%格式字符"，如表 3-3 所示。

**表 3-3　格式控制字符**

| 格式字符 | 说　明 |
|---|---|
| %d | 输入带符号的十进制数(遇空格、回车结束) |
| %o | 输入带符号的八进制数(遇空格、回车结束) |
| %x | 输入带符号的十六进制数(遇空格、回车结束) |
| %c | 输入 1 个字符(遇字符结束) |
| %s | 输入 1 个字符串(遇回车、空格、制表符结束) |
| %f | 输入小数形式的实数(遇空格、回车结束) |
| %e | 输入指数形式的实数(遇空格、回车结束) |

scanf 函数的执行过程如下。

(1) 执行到 scanf 语句时，程序停下来，等待用户的输入。

(2) 输入 1 个变量时，请按照以上结束方式结束输入。

(3) 当需要同时输入多个变量时，有以下两种情况。

① scanf 的格式字符串中有分隔符，必须严格按次序输入数值和相应分隔符。

例如，执行语句“scanf("%d,%d",&x,&y);”时，必须输入“3,4”。

② scanf 的格式字符串没有分隔符，可以用空格、跳格、回车符等分隔多个数值。

例如，执行语句“scanf("%d%d",&x,&y);”时，可以输入“3 4”，或者“3＜HT＞ 4”，或者“3＜CR＞4”。

【例 3-1】 设有以下变量，从键盘为其输入值。

```
int a,b;
float  x;
char ch1,ch2,stuName[20];
scanf("%d%d%f%c%c%s",&a,&b,&x,&ch1,&ch2,stuName);
```

如果在键盘上这样录入："3 4 1.2 A B rabby<Enter>"，则各变量的值是：a=3，b=4，x=1.2，ch1='  '，ch2='A'，stuName="b"。

如果在键盘上这样录入："3 4 1.2ABrabby<Enter>"，则各变量的值是：a=3，b=4，x=1.2，ch1='A'，ch2='B'，stuName="rabby"。

2. 字符输入函数

字符输入函数为 c=getchar()，用于从键盘上输入 1 个字符(包括空格等)，按 Enter 键确认，函数的返回值就是该字符。

例如：

```
char a,b;
b = getchar();
scanf("%c",&a);
```

这两个输入语句的区别是：前一个语句输入 1 个字符后，需要按 Enter 键才能接收到字符；后一个语句只要输入任何字符，马上就被接收了。也就是说，getchar()与 scanf 的%c 格式字符的用法是有区别的，使用 getchar 函数输入数据需要按 Enter 键确认输入，而使用 scanf 函数则接收当前字符。

3. 字符串输入函数

字符串输入函数为 gets(字符串地址)，接收从键盘输入的字符串，按 Enter 键结束。

例如，遇到 gets 函数时，如果输入"I am a good student<CR>"，则得到的字符串是"I am a good student"，若使用 scanf 函数的%s 格式符接收此字符串时，由于回车、空格、制表符都是分隔符，因此得到的字符串是"I"。

### 3-2-2 if 语句

用 if 语句可以构成分支结构。它根据给定的条件进行判断，以决定执行某个分支程序段。C 语言的 if 语句有以下三种基本形式。

1. 第一种形式为基本形式：if

```
if(表达式)
{
    语句
}
```

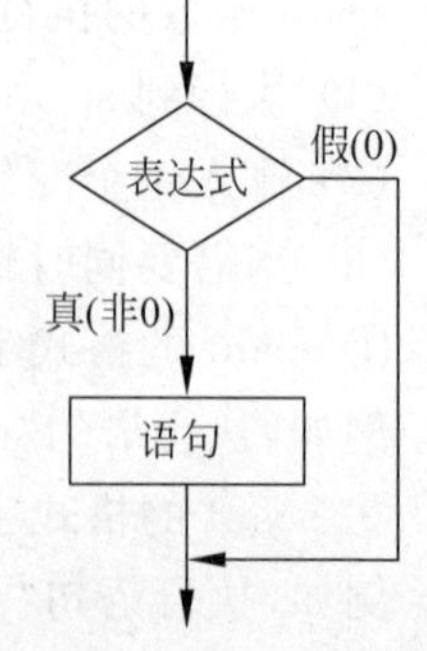

图 3-8 if 语句流程图

语义：如果表达式的值为真，则执行其后的语句，否则不执行该语句，流程如图 3-8 所示。

说明：花括号内的语句如果为单条语句，花括号可以省略，否则不能省略。

**【例 3-2】** 比较两个数值的大小，用 if 语句的第一种形式。

```
main()
{
   int a, b, max;
   printf("\n input two numbers:     ");
   scanf(" %d%d", &a , &b);
   max = a;
   if(max < b)
        max = b;
   printf("max = %d",max);
}
```

2. 第二种形式为：if-else

```
if(表达式)
{
    语句 1
}
else
{
    语句 2
}
```

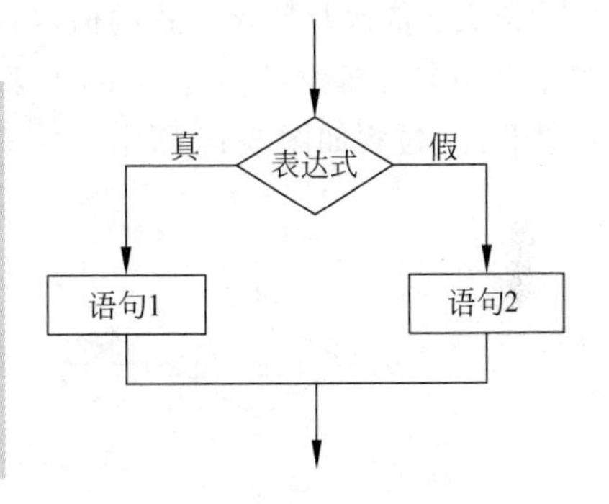


图 3-9　if-else 语句流程图

语义：如果表达式的值为真，则执行语句 1，否则执行语句 2，流程如图 3-9 所示。

**【例 3-3】** 比较两个数值的大小，用 if 语句的第二种形式重构代码。

```
main()
{
    int a, b, max;
    printf("input two numbers:");
    scanf(" %d%d",&a,&b);
    if(a > b)
        max = a ;
    else
        max = b;
    printf("max = %d",max);
}
```

3. 第三种形式为：if-else-if

```
if(表达式 1)
{
    语句 1;
}
```

```
else if(表达式 2)
{
    语句 2;
}
…
else if(表达式 n - 1)
    {
        语句 n - 1;
}
else
{
    语句 n;
}
```

语义：依次判断表达式的值，当出现某个值为真时，则执行其对应的语句；然后跳到整个 if 语句之外继续执行程序，如果所有的表达式均为假，则执行语句 $n$；然后继续执行后续程序，过程如图 3-10 所示。

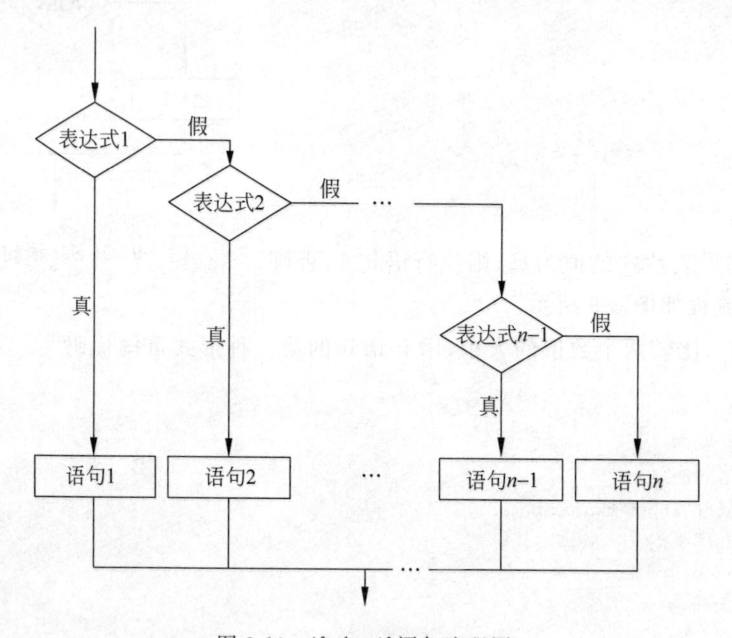


图 3-10　if-else-if 语句流程图

**【例 3-4】** 判别键盘输入字符的类别。

```
main()
{
    char c;
    printf("input a character:      ");
    c = getchar();
    if(c < 32)
        printf("This is a control character\n");
```

```
    else if(c>='0'&&c<='9')
        printf("This is a digit\n");
    else if(c>='A'&&c<='Z')
        printf("This is a capital letter\n");
    else if(c>='a'&&c<='z')
        printf("This is a small letter\n");
    else
        printf("This is an other character\n");
}
```

4. if 语句的嵌套

当 if 语句中的语句又是 if 语句时，则构成了 if 语句嵌套的情形。其一般形式可表示如下。

```
if(表达式)
{
    if(表达式)
    {
        语句
    }
}

if(表达式)
{
    if(表达式)
    {
        语句
    }
}
else
{
    if(表达式)
    {
        语句
    }
}
```

在嵌套内的 if 语句可能又是 if-else 型的。其中的 else 究竟是与哪一个 if 配对呢？例如：

```
if(表达式 1)
if(表达式 2)
语句 1;
else
语句 2;
```

以上代码中，else 与 if(表达式 2)配对。

说明：C 语言规定，else 总是与它前面最近的未配对的 if 配对。

【例 3-5】 用 if 语句的嵌套实现以下公式。

$$y=\begin{cases}2x & x\geqslant 1\\ x-3 & 1>x\geqslant 0\\ -x+8 & 0>x\geqslant -1\\ 2x & x<-1\end{cases}$$

代码实现：

```
void main()
{
    int x , y ;
    scanf(" %d", &x);
    if(x>=0)
    {
        if(x>=1)
            y=2*x;
        else
            y=x-3;
    }
    else
    {
        if(x<-1)
            y= -2*x;
        else
            y= -x+8;
    }
    printf("y= %d" , y);
}
```

还可以用其他方法实现，请思考并实现。

## 任务实施

通过以上知识的学习，项目组就可以在上一个任务主菜单显示的基础上来实施主菜单选择的任务了。

主菜单有三个选项：1——管理员、2——学生、0——退出。因此要选择主菜单，首先要输入数字来选择，输入要用到格式化输入语句，这里可以选用 scanf 语句。其次要对输入的数字进行判断，可以分别用 if 语句的三种形式来分别实现判断。

代码实现：

(1) 用 if 语句实现。

```
void main()
{
    int mSelect;                        //用于存放输入的选择项
```

```
    /*主菜单显示*/
    printf("\t\t        学生成绩管理系统\n\n");
    printf("\t\t        1——管理员\n");
    printf("\t\t        2——学生\n");
    printf("\t\t        0——退出\n");
    printf("\n");
    printf("\n");

    /*主菜单选择*/
    printf("请输入您的选择:     ");     //提示输入
    scanf("%d",&mSelect);

    /*管理员子菜单跳转*/
    if( mSelect == 1)
    {
        printf("\t\t        管理员成绩管理功能\n\n");
        printf("\t\t        1——班级成绩添加\n");
        printf("\t\t        2——班级成绩浏览\n");
        printf("\t\t        3——最高分\n");
        printf("\t\t        4——最低分\n");
        printf("\t\t        5——平均分\n");
        printf("\t\t        6——及格率\n");
        printf("\t\t        7——各分数段所占比率\n");
        printf("\t\t        8——成绩排序\n");
        printf("\t\t        0——退出\n");
        printf("\n");
        printf("\n");
    }

    /*学生子菜单跳转*/
    if( mSelect == 2)
    {
        printf("\t\t        学生成绩管理功能\n\n");
        printf("\t\t        1——查询成绩\n");
        printf("\t\t        0——退出\n");
    }

    /*退出主菜单,主要用于退出循环主菜单(下一个任务),这里只是作提示*/
    if( mSelect == 0)
    {
        printf("退出\n");
    }
    if( mSelect!= 1&& mSelect!= && mSelect!= 0)
    {
        printf("输入有误,请重新选择!\n");
    }

}
```

(2) 用 if-else 语句实现。

```
void main()
{
    int mSelect;                          //用于存放输入的选择项

    /*主菜单显示*/
    printf("\t\t      学生成绩管理系统\n\n");
    printf("\t\t      1——管理员\n");
    printf("\t\t      2——学生\n");
    printf("\t\t      0——退出\n");
    printf("\n");
    printf("\n");

    /*主菜单选择*/
    printf("请输入您的选择:     ");//提示输入
    scanf("%d",&mSelect);

    /*管理员子菜单跳转*/
    if( mSelect == 1)
    {
        printf("\t\t      管理员成绩管理功能\n\n");
        printf("\t\t      1——班级成绩添加\n");
        printf("\t\t      2——班级成绩浏览\n");
        printf("\t\t      3——最高分\n");
        printf("\t\t      4——最低分\n");
        printf("\t\t      5——平均分\n");
        printf("\t\t      6——及格率\n");
        printf("\t\t      7——各分数段所占比率\n");
        printf("\t\t      8——成绩排序\n");
        printf("\t\t      0——退出\n");
        printf("\n");
        printf("\n");
    }
    else
    {
        /*学生子菜单跳转*/
        if( mSelect == 2)
        {
            printf("\t\t      学生成绩管理功能\n\n");
            printf("\t\t      1——查询成绩\n");
            printf("\t\t      0——退出\n");
        }
        else
        {
            /*退出主菜单*/
```

```
            if( mSelect == 0)
            {
                printf("退出\n");
            }
            else
            {
                printf("输入有误,请重新选择!\n");
            }

        }
    }
}
```

(3) 用 if-else-if 语句实现。

```
void main()
{
    int mSelect;                                //用于存放输入的选择项

    /* 主菜单显示 */
    printf("\t\t      学生成绩管理系统\n\n");
    printf("\t\t      1——管理员\n");
    printf("\t\t      2——学生\n");
    printf("\t\t      0——退出\n");
    printf("\n");
    printf("\n");

    /* 主菜单选择 */
    printf("请输入您的选择:    ");      //提示输入
    scanf("%d",&mSelect);

    /* 管理员子菜单跳转 */
    if( mSelect == 1)
    {
        printf("\t\t      管理员成绩管理功能\n\n");
        printf("\t\t      1——班级成绩添加\n");
        printf("\t\t      2——班级成绩浏览\n");
        printf("\t\t      3——最高分\n");
        printf("\t\t      4——最低分\n");
        printf("\t\t      5——平均分\n");
        printf("\t\t      6——及格率\n");
        printf("\t\t      7——各分数段所占比率\n");
        printf("\t\t      8——成绩排序\n");
        printf("\t\t      0——退出\n");
        printf("\n");
        printf("\n");
    }
```

```
    /*学生子菜单跳转*/
    else if( mSelect == 2)
    {
        printf("\t\t        学生成绩管理功能\n\n");
        printf("\t\t        1——查询成绩\n");
        printf("\t\t        0——退出\n");
    }
    /*退出主菜单*/
    else if(mSelect == 0)
    {
        printf("退出\n");
    }
    else
    {
        printf("输入有误,请重新选择!\n");
    }
}
```

尽管以上三种方法都可以完成主菜单选择的任务,但是通过代码的比较,不难看出,本任务最适合用 if-else-if 语句来完成。因为 if-else-if 语句适合用于多分支的选择结构。而 if 语句多用于单选择,if-else 语句则多用于二分支选择结构,但是通过嵌套也可实现多分支的选择。

## 任务拓展

设计程序,判断输入的任意年份是否为闰年,如果是则输出该年是闰年,否则输出该年不是闰年。判断闰年的条件是:能被 4 整除但不能被 100 整除,或者能被 400 整除。

算法思路:先定义一个整型变量 year,然后从键盘输入一个整数(年)给 year。然后用 if-else 语句判断 year 是否是闰年(能被 4 整除但不能被 100 整除,或者能被 400 整除)。若是输入 year 是闰年,否则输出 year 不是闰年。

代码实现:

```
void main()
{
    int year;
    printf("请输入年份:\n");
    scanf("%d",&year);
    if(year % 4 == 0&&year % 100!= 0 || year % 400 == 0)
        printf("%d is leap year !\n",year);
    else
        printf("%d is not leap year !\n",year);
}
```

通过以上任务拓展,请各位同学注意输入/输出语句和 if 语句的三种形式的用法。

# 任务 3-3：子菜单选择

## 任务描述与分析

“学生成绩管理系统”的主菜单的显示和选择已经完成，现在周老师要求每个项目组完成对子菜单的选择，具体实现效果如图 3-11 所示。当显示管理员子菜单时，选择 0-8 进入相应的子菜单功能；当显示学生子菜单时，选择 0-1 进入相应的子菜单功能。

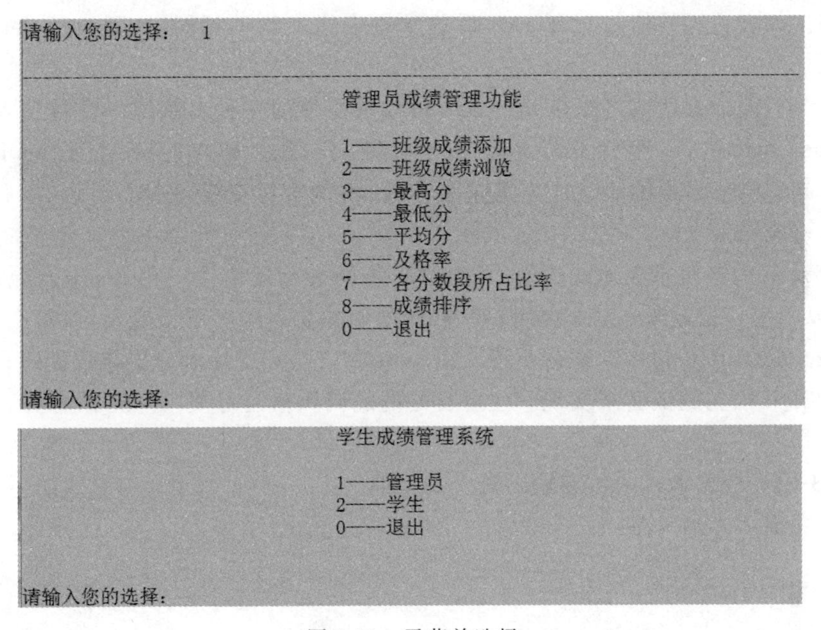


图 3-11　子菜单选择

可以看出管理员子菜单有 8 个选项，属于多分支结构。如果用 if-else-if 语句来编写代码，虽然可以实现，但是一般不这么用，C 语言中专门提供了一种 switch-case 语句来专门实现多分支的选择结构。

## 相关知识与技能

### switch-case 语句

C 语言还提供了另一种用于多分支选择的 switch 语句，其一般形式如下。

```
switch(表达式)
{
    case 常量表达式 1:
        语句 1;break;
```

```
    case 常量表达式 2:
        语句 2;break;
…
    case 常量表达式 n:
        语句 n;break;
    default        :
        语句 n+1;
}
```

语义：计算表达式的值并逐个与其后的常量表达式值相比较，当表达式的值与某个常量表达式的值相等时，即执行其后的语句，然后不再进行判断，继续执行后面所有 case 后的语句。如表达式的值与所有 case 后的常量表达式均不相同时，则执行 default 后的语句。

switch 后面的表达式可以是 int、char 和枚举型中的一种。系统一旦找到入口 case，就从此 case 开始执行，然后不再进行 case 判断，所以必须加上 break 语句，以便结束 switch 语句。case 后面的表达式为常量表达式，不能含有变量，例如，可以是 case 3＋4，但不可以写成 case x＋y。

在 case 后的各常量表达式的值不能相同，否则会出现错误。在 case 后，允许有多个语句，可以不用{}括起来。各 case 和 default 子句的先后顺序可以变动，而不会影响程序执行结果。default 子句可以省略不用。用 switch 语句实现的多分支结构程序，完全可以用 if 语句和 if 语句的嵌套来实现。注意良好的编码风格与习惯“{”与“}”对齐，case 子句对齐。

**【例 3-6】** 根据输入的数字输出对应的星期。

代码实现：

```
#include <stdio.h>
main()
{
    int a;
    printf("input integer number:    ");
    scanf("%d", &a);
    switch (a)
    {
        case 1:printf("Monday\n");
        case 2:printf("Tuesday\n");
        case 3:printf("Wednesday\n");
        case 4:printf("Thursday\n");
        case 5:printf("Friday\n");
        case 6:printf("Saturday\n");
        case 7:printf("Sunday\n");
        default:printf("error\n");
    }
}
```

程序运行时，会发现，当从一个入口进去之后会将后面所有的 case 后的语句都输出，显然是不合适的，如何改进呢？就是在每一个 case 后面都加上 break 语句。break 语句用于跳出 switch 语句或循环语句。

改进后的代码如下。

```
#include <stdio.h>
void main()
{
    int a;
    printf("input integer number:     ");
    scanf("%d", &a);
    switch (a)
    {
        case 1:printf("Monday\n");break;
        case 2:printf("Tuesday\n");break;
        case 3:printf("Wednesday\n");break;
        case 4:printf("Thursday\n");break;
        case 5:printf("Friday\n");break;
        case 6:printf("Saturday\n");break;
        case 7:printf("Sunday\n");break;
        default:printf("error\n");break;
    }
}
```

这样，程序只会输出一句话。例如输入的是 1，则只会输出 Monday，而不会将后面所有的 case 后的语句都输出。

## 任务实施

通过以上知识的学习，项目组就可以子菜单选择的任务了。管理员子菜单有 0～8 共九个选项，学生子菜单有 0、1 两个选项。用 switch-case 语句分别实现。

代码实现：

```
#include <stdio.h>
void main()
{
    int mSelect;                              //用于存放输入的选择项
    int subSelect;

    /*主菜单显示*/
    printf("\t\t      学生成绩管理系统\n\n");
    printf("\t\t      1——管理员\n");
    printf("\t\t      2——学生\n");
    printf("\t\t      0——退出\n");
    printf("\n");
    printf("\n");
```

```
/* 主菜单选择 */
printf("请输入您的选择:     "); //提示输入
scanf("%d",&mSelect);

/* 管理员子菜单跳转 */
if( mSelect == 1)
{
    printf("\t\t      管理员成绩管理功能\n\n");
    printf("\t\t      1——班级成绩添加\n");
    printf("\t\t      2——班级成绩浏览\n");
    printf("\t\t      3——最高分\n");
    printf("\t\t      4——最低分\n");
    printf("\t\t      5——平均分\n");
    printf("\t\t      6——及格率\n");
    printf("\t\t      7——各分数段所占比率\n");
    printf("\t\t      8——成绩排序\n");
    printf("\t\t      0——退出\n");
    printf("\n");
    printf("\n");

    /* 管理员子菜单选择 */
    printf("请输入您的选择:      ");
    scanf("%d",&subSelect);
    printf("\n");

    switch(subSelect)
    {
        case 1:
            printf("班级成绩添加功能待实现…\n");
            break;
        case 2:
            printf("班级成绩浏览功能待实现…\n");
            break;
        case 3:
            printf("求最高分功能待实现…\n");
            break;
        case 4:
            printf("求最低分功能待实现…\n");
            break;
        case 5:
            printf("求平均分添加功能待实现…\n");
            break;
        case 6:
            printf("及格率待实现…\n");
            break;
        case 7:
            printf("各分数段所占比率功能待实现…\n");
```

```
                break;
            case 8:
                printf("成绩排序功能待实现…\n");
                break;
            case 0:
                printf("退出子菜单功能待实现…\n");
                break;
            default:
                printf("选择有误,请重新选择!\n");
                break;
        }

    }
    /*学生子菜单跳转*/
    else if( mSelect == 2)
    {
        printf("\t\t      学生成绩管理功能\n\n");
        printf("\t\t      1——查询成绩\n");
        printf("\t\t      0——退出\n");

        /*学生子菜单选择*/
        printf("请输入您的选择:    ");
        scanf("%d",&subSelect);
        printf("\n");

        switch(subSelect)
        {
            case 1:
                printf("查询成绩功能待实现…\n");
                break;
            case 0:
                printf("退出子菜单功能待实现…\n");
                break;
            default:
                printf("选择有误,请重新选择!\n");
                break;
        }
    }
    /*退出主菜单*/
    else if( mSelect == 0)
    {
        printf("退出\n");
    }
    else
    {
        printf("输入有误,请重新选择!\n");
    }
}
```

## 任务拓展

设计程序，用 switch-case 语句编写程序，对于给定的一个百分制成绩，输出相应的五分制成绩，设 90 分以上为 A，80～89 分为 B，70～79 分为 C，60～69 分为 D，60 分以下为 E。

算法思路：先定义一个整型变量 score，然后从键盘输入一个整数（成绩）给 score。然后用 if-else 语句判断 score 是不是合法，如果不在 0～100 之间，提示输入有误；否则，通过判断 score 整除 10 的数的范围来判断等级。

代码实现：

```
#include <stdio.h>
void main()
{
    int score;
    printf("请输入成绩: \n");
    scanf("%d",&score);
    if(score>100 || score<0)
        printf("输入有误!\n");
    else
    {
        switch(score/10)
        {
            case 10:
            case 9:
                printf("A\n");
                break;
            case 8:
                printf("B\n");
                break;
            case 7:
                printf("C\n");
                break;
            case 6:
                printf("D\n");
                break;
            default:
                printf("E\n");
                break;
        }
    }
}
```

在以上的程序中，值得注意的是：case 10 后没有语句，如果从该入口进入，会继续执行 case 9。因为成绩如果是 100，则 score/10 值为 10，成绩如果是 90 多分，则 score/10 值为 9，都会输出等级“A”。

# 任务 3-4：菜单循环显示

## 任务描述与分析

“学生成绩管理系统”的主菜单和子菜单的显示和选择已经完成，但是这些菜单只能显示 1 次，无法实现菜单重现，显然这样是不合理的。因此，现在周老师要求每个项目组能够实现菜单的循环显示和选择，要求先实现主菜单的循环显示，再实现子菜单的循环显示。具体实现效果如图 3-12 所示。系统运行时，先进入主菜单，当选择进入子菜单后，子菜单可以循环显示。当退出子菜单时，依然可以显示主菜单，直到退出主菜单，退出系统。

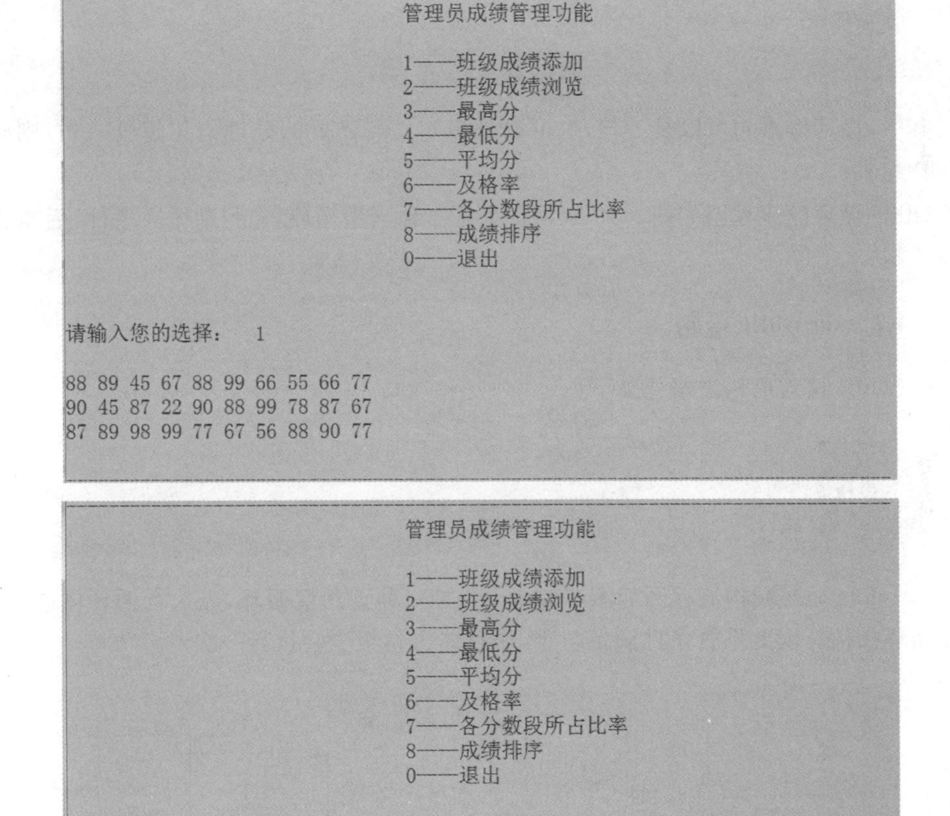


图 3-12　子菜单循环显示

要实现菜单的循环显示，就要学习 C 语言中用于实现循环结构的语句，学习 while 和 do-while 语句来实现本任务。

## 相关知识与技能

### 3-4-1 while 语句

循环结构,就是根据条件判断,执行循环体若干次。当条件不满足时,跳至下一条语句执行。重复执行,是计算机最擅长的事,因此循环结构应用广泛。

循环三要素:初始化、循环条件、循环体(要能使循环条件走向假)。

**注意**:分支结构判断后,只执行某分支1次,请注意区别。

while 语句的语法格式如下。

```
while(表达式)
{
    循环体语句
}
```

其中,循环体语句可以是一句,也可以是多句。若需要的处理语句超过一句,则必须用{}括起来。

while 循环的流程图如图3-13所示。这是一种当型循环,先判断循环条件,后执行循环体语句。

### 3-4-2 do-while 语句

do-while 语句的语法格式如下。

```
do{
    循环体语句
}while(表达式);        //这里的分号不能省
```

do-while 循环结构流程图如图3-14所示,是一种直到型循环,先执行循环体语句,后判断循环条件。因此不管条件满足与否,循环体语句至少会执行一次。

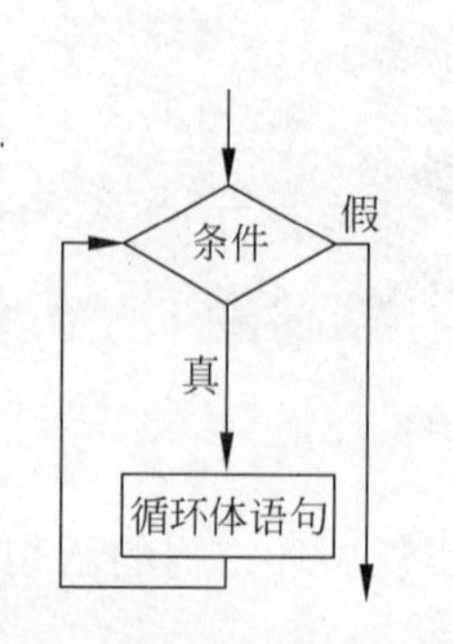


图3-13 while 循环流程图

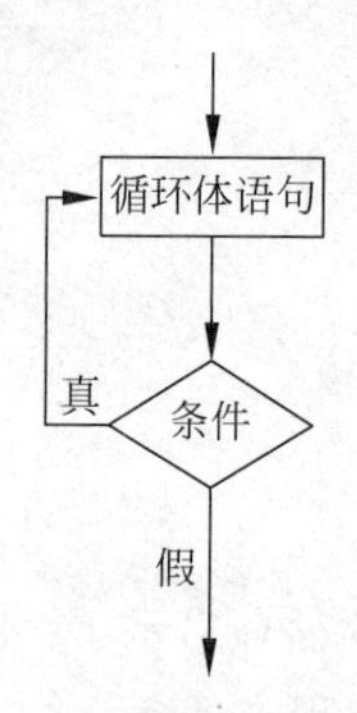


图3-14 do-while 循环流程图

while 和 do-while 语句是有区别的，具体如下。

（1）while 循环的用途广泛，是循环结构中用得最多的。条件执行比循环体执行多1次。

（2）do-while 循环的用途与 while 类似。条件执行和循环体执行的次数一样。

## 任务实施

下面通过 while 语句或 do-while 语句来实现菜单的循环显示。为了实现可循环显示的菜单，可把所有的菜单显示和选择语句放在循环内，当满足循环条件时，不断重复显示菜单，当用户选 0 时，打破条件，让其跳出循环。

算法思路：定义一个循环变量 mFlag，初始赋值为 1。

```
while(mFlag)
{
    菜单展示,选择;
    当用户选 0 时,将 mFalg 赋值为 0,即可跳出本循环;
}
```

然后分步实现所有菜单的循环显示。首先实现主菜单的循环显示；其次实现子菜单的循环显示；最后整合代码，同时实现主菜单和子菜单的循环显示。

代码实现：

（1）主菜单的循环显示。

```
#include <stdio.h>
void main()
{
    int mFlag = 1;                          //定义主菜单循环变量
    int mSelect;                            //定义主菜单选择变量
    /* 主菜单循环显示 */
    while(mFlag)
    {
        printf("\t\t      学生成绩管理系统\n\n");
        printf("\t\t      1——管理员\n");
        printf("\t\t      2——学生\n");
        printf("\t\t      0——退出\n");
        printf("\n");
        printf("\n");

        /* 主菜单选择 */
        printf("请输入您的选择:     "); //提示输入
        scanf("%d",&mSelect);

        /* 管理员子菜单跳转 */
```

```
        if( mSelect == 1)
        {
            …               //跳转到管理员子菜单
        }
        /*学生子菜单跳转*/
        else if( mSelect == 2)
        {
            …               //跳转到学生子菜单
        }
        /*退出主菜单*/
        else if( mSelect == 0)
        {
            mFlag = 0;      //将循环变量置为0,退出while循环,主菜单将不再循环显示
        }
        else
        {
            printf("输入有误,请重新选择!\n");
        }
    }
}
```

(2) 子菜单的循环显示。

① 管理员子菜单的循环显示。

```
#include <stdio.h>
void main()
{
    int subFlag = 1;                        //定义子菜单循环变量
    int subSelect;                          //定义子菜单选择变量

    while(subFlag)
    {
        printf("\t\t      管理员成绩管理功能\n\n");
        printf("\t\t      1——班级成绩添加\n");
        printf("\t\t      2——班级成绩浏览\n");
        printf("\t\t      3——最高分\n");
        printf("\t\t      4——最低分\n");
        printf("\t\t      5——平均分\n");
        printf("\t\t      6——及格率\n");
        printf("\t\t      7——各分数段所占比率\n");
        printf("\t\t      8——成绩排序\n");
        printf("\t\t      0——退出\n");
        printf("\n");
        printf("\n");

        printf("请输入您的选择:      ");
        scanf("%d",&subSelect);
        printf("\n");
```

```
        switch(subSelect)
        {
            case 1:
                printf("班级成绩添加功能待实现…\n");
                break;
            case 2:
                printf("班级成绩浏览功能待实现…\n");
                break;
            case 3:
                printf("求最高分功能待实现…\n");
                break;
            case 4:
                printf("求最低分功能待实现…\n");
                break;
            case 5:
                printf("求平均分添加功能待实现…\n");
                break;
            case 6:
                printf("及格率功能待实现…\n");
                break;
            case 7:
                printf("各分数段所占比率功能待实现…\n");
                break;
            case 8:
                printf("成绩排序功能待实现…\n");
                break;
            case 0:
                subFlag = 0;        //循环变量置为 0,退出 while 循环,子菜单不循环显示
                break;
            default:
                printf("选择有误,请重新选择!\n");
                break;
        }
    }
}
```

② 学生子菜单的循环显示。

```
#include <stdio.h>
void main()
{
    int subFlag = 1;                    //定义子菜单循环变量
    int subSelect;                      //定义子菜单选择变量

    while(subFlag)
    {
        printf("\t\t      学生成绩管理功能\n\n");
        printf("\t\t      1——查询成绩\n");
```

```
        printf("\t\t        0——退出\n");
        printf("\n");
        printf("\n");

        printf("请输入您的选择:        ");
        scanf(" % d",&subSelect);
        printf("\n");

        switch(subSelect)
        {
            case 1:
                printf("查询成绩功能待实现…\n");
                break;
            case 0:
                subFlag = 0;      //循环变量置为 0,退出 while 循环,子菜单不循环显示
                break;
            default:
                printf("选择有误,请重新选择!\n");
                break;
        }
    }
}
```

(3) 主菜单和子菜单的循环显示(代码整合)。

```
#include < stdio.h >
void main()
{
    int mFlag = 1;                                      //主菜单循环变量
    int mSelect;                                        //主菜单选择变量
    int subFlag;                                        //子菜单循环变量
    int subSelect;                                      //子菜单选择变量

    /* 主菜单循环显示 */
    while(mFlag)
    {
        printf("\t\t        学生成绩管理系统\n\n");
        printf("\t\t        1——管理员\n");
        printf("\t\t        2——学生\n");
        printf("\t\t        0——退出\n");
        printf("\n");
        printf("\n");

        /* 主菜单选择 */
        printf("请输入您的选择:        ");          //提示输入
        scanf(" % d",&mSelect);

        /* 管理员子菜单跳转 */
```

```
    if( mSelect == 1)
    {
        subFlag = 1;
        while(subFlag)
        {
            printf("\t\t        管理员成绩管理功能\n\n");
            printf("\t\t        1——班级成绩添加\n");
            printf("\t\t        2——班级成绩浏览\n");
            printf("\t\t        3——最高分\n");
            printf("\t\t        4——最低分\n");
            printf("\t\t        5——平均分\n");
            printf("\t\t        6——及格率\n");
            printf("\t\t        7——各分数段所占比率\n");
            printf("\t\t        8——成绩排序\n");
            printf("\t\t        0——退出\n");
            printf("\n");
            printf("\n");

            printf("请输入您的选择:     ");
            scanf("%d",&subSelect);
            printf("\n");
            switch(subSelect)
            {
                case 1:
                    printf("班级成绩添加功能待实现…\n");
                    break;
                case 2:
                    printf("班级成绩浏览功能待实现…\n");
                    break;
                case 3:
                    printf("求最高分功能待实现…\n");
                    break;
                case 4:
                    printf("求最低分功能待实现…\n");
                    break;
                case 5:
                    printf("求平均分添加功能待实现…\n");
                    break;
                case 6:
                    printf("求及格率功能待实现…\n");
                    break;
                case 7:
                    printf("各分数段所占比率功能待实现…\n");
                    break;
                case 8:
                    printf("成绩排序功能待实现…\n");
                    break;
                case 0:
```

```
                        subFlag = 0;        //循环变量置为 0,退出 while 循环
                        break;
                    default:
                        printf("选择有误,请重新选择!\n");
                        break;
                }
            }
        }
        /*学生子菜单跳转*/
        else if( mSelect == 2)
        {
            subFlag = 1;
            while(subFlag)
            {
                printf("\t\t      学生成绩管理功能\n\n");
                printf("\t\t      1——查询成绩\n");
                printf("\t\t      0——退出\n");
                printf("\n");
                printf("\n");

                printf("请输入您的选择:    ");
                scanf("%d",&subSelect);
                printf("\n");

                switch(subSelect)
                {
                    case 1:
                        printf("查询成绩功能待实现…\n");
                        break;
                    case 0:
                        subFlag = 0;    //循环变量置为 0,退出 while 循环
                        break;
                    default:
                        printf("选择有误,请重新选择!\n");
                        break;
                }
            }
        }

        /*退出主菜单*/
        else if( mSelect == 0)
        {
            mFlag = 0;          //将循环变量置为 0,退出 while 循环,主菜单将不再循环显示
        }
        else
        {
            printf("输入有误,请重新选择!\n");
        }
    }
}
```

## 任务拓展

1. 任务拓展 1

设计程序,求 1＋2＋…＋100 的和。要求用 while 语句和 do-while 语句两种方法分别实现。

算法分析：算法流程如图 3-15 所示。

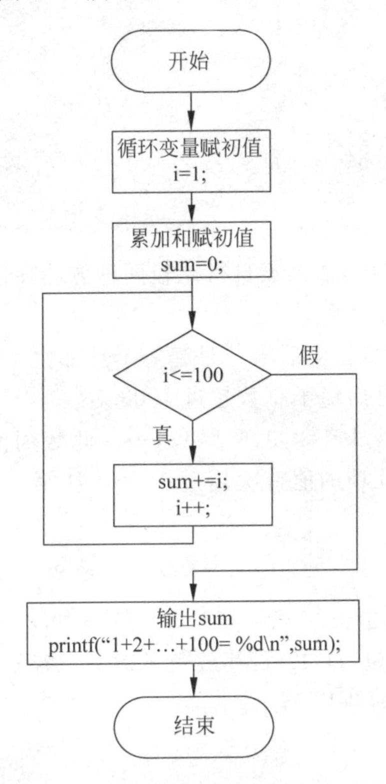


图 3-15　求 1 到 100 和的算法流程图

方法 1：用 while 语句实现。

代码实现：

```
#include <stdio.h>
void main()
{
    int i = 1,sum = 0;
    while(i <= 100)
    {
        sum += i;
        i++;
    }
    printf("1 + 2 + … + 100 =  %d\n",sum);
}
```

方法 2：用 do-while 语句实现。

代码实现：

```
#include <stdio.h>
void main()
{
    int i = 1,sum = 0;
    do
    {
        sum += i;
        i++;
    } while(i <= 100);
    printf("1 + 2 + … + 100 =  %d\n",sum);
}
```

用 do-while 语句重构程序，请大家自行比较两种方法在语法和执行上的异同。

2. 任务拓展 2

设计程序，有 1 对兔子，从出生后第 3 月起每个月都生 1 对小兔子，小兔子也是这样。假设兔子都不死，问第几个月后兔子总数超过 1000 对？

兔子每月的对数依次为：1，1，2，3，5，8，13，…。此数列为 Fibonacci 数列，本例实质上是求 Fibonacci 数列的第几项的值首次超过 1000。从第 3 项起，每 1 项都是前 2 项之和，迭代公式如下。

$$f_n = \begin{cases} f_{n-2} + f_{n-1} & n \geqslant 3 \\ 1 & n = 1,2 \end{cases}$$

算法思路：需要 3 个变量，f1，f2，f，存放兔子对数；需要 1 个变量 c，存放月份，然后输出月份 c。算法流程图如图 3-16 所示。

```
f1 = 1,f2 = 1,c = 2;
while(f <= 1000)
{
    c++;
    f = f1 + f2;
    f1 = f2;
    f2 = f;
}
```

代码实现：

```
#include <stdio.h>
void main()
{
    int f1,f2,f = 0,i;
    f1 = 1;f2 = 1;
```

```
    c = 2;
    while(f <= 1000)
    {
        f = f1 + f2;
        c++;
        f1 = f2;
        f2 = f;
    }
    printf("month = %d rabbits = %d\n",c,f);
}
```

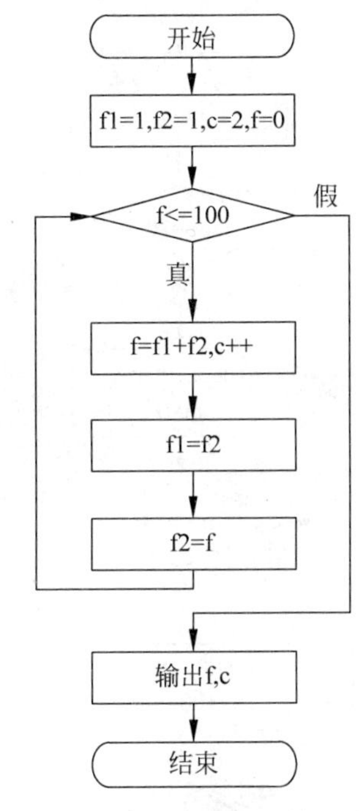


图 3-16　Fibonacci 数列的算法流程图

运行分析：第 c 个月的时候，兔子的总数是 f，因此当 f>1000 的时候，跳出循环，月份为 c，输出 c 和 f。如果要同时输出每个月的兔子数，该如何改动？

这种在循环体中，某些量在每次循环，需要按照一定公式进行更新，从而影响下一次循环的算法，称为迭代。迭代算法是另一种常用的循环算法，就是在循环体内不断地利用公式更新变量的值，从而逐步达成结束条件，达成目标。最关键的是：①迭代公式的推理；②迭代语句的顺序和结果的取值。

3. 任务拓展 3

百钱买百鸡问题：公鸡 5 钱 1 只，母鸡 3 钱 1 只，3 只小鸡 1 钱。要用百钱买百鸡，设计程序求其所有组合。

算法思路：公鸡可能的只数是 0～20；母鸡可能的只数是 0～33；小鸡的只数是 100－公鸡－母鸡。这是一个穷举的问题：让公鸡只数从 0～20 母鸡只数从 0～33，小鸡＝100－公鸡－母鸡。如果公鸡只数×5＋母鸡只数×3＋小鸡只数/3＝100，则符合百钱买百鸡，打印当前组合。

需要变量 g、m、x，分别存放公鸡的数量，母鸡的数量和小鸡的数量。

(1) 外层循环用来控制公鸡的数量，初值是 0，最大值是 20。

(2) 内层循环用来控制母鸡的数量，初值是 0，最大值是 33。

(3) 内层循环的循环体用来判断公鸡只数×5＋母鸡只数×3＋小鸡只数/3 是否等于 100，若条件成立，则输出当前公鸡、母鸡、小鸡的数量。

算法流程图如图 3-17 所示。

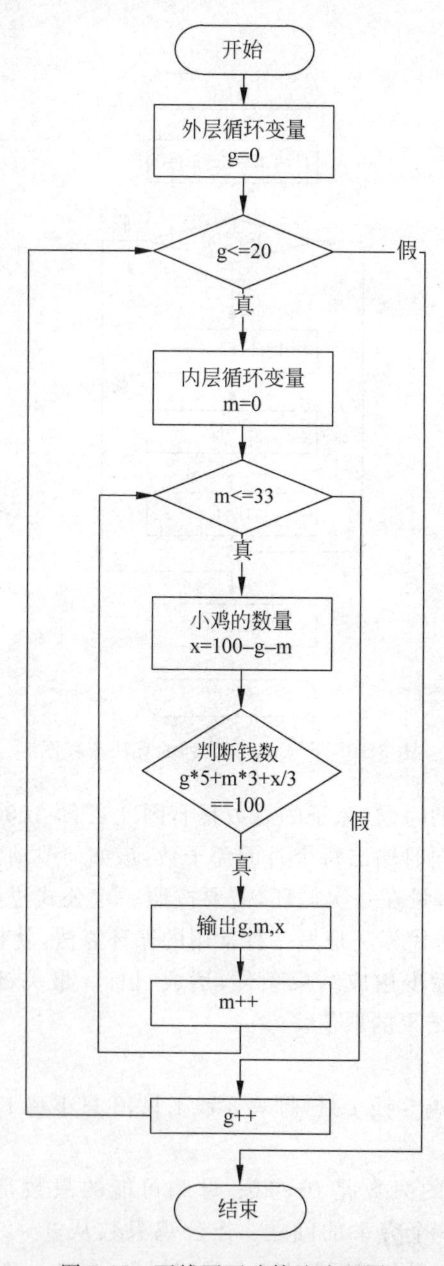


图 3-17 百钱买百鸡算法流程图

代码实现：

```
#include <stdio.h>
void main()
{
    int g = 0,m = 0,x;
    while(g<= 20)
    {  m = 0;
       while(m<= 33)
       {
           x = 100 - g - m;
           if((g * 5 + m * 3 + x/3) == 100)
               printf(" %d %d %d\n",g,m,x);
           m++;
       }
       g++;
    }
}
```

运行分析：此问题还有一种思路，请同学们思考并比较。

这种把所有可能情况都列举出来，判断那些情况符合特定条件的循环算法，称为穷举算法。这是常用的一种循环算法，穷举算法经常是循环语句内嵌判断语句。

## 模块总结

本模块主要完成了“学生成绩管理系统”中的菜单功能。在 main 函数里完成包括主菜单和子菜单的循环显示和选择的所有代码。但是管理员和学生子菜单的各项功能尚未实现，只是完成了菜单，因此在跳转子菜单功能时只是输出一句提示语句，具体功能留待下一个模块完成。

在任务实施的过程中，还学习到了 C 语言的一些基本知识和语法，具体如下。

(1) 算法和程序结构：算法是解决问题的步骤，通常在解决一个任务是，应该先设计解决任务的算法，然后画出算法流程图，在本模块中，学习了用传统流程图来表示算法。而在设计程序的时候，了解到任何一种程序都是由三种程序结构组成的，包括顺序结构、选择结构和循环结构。并且在 C 语言中提供专门的语句和语法来描述这三种结构可以解决编写程序任何问题。

(2) 格式化输入输出语句：在 C 语言中提供了专门的输入输出语句。输入语句有 scanf 语句、getchar 语句、gets 语句；输出语句有 printf 语句、putchar 语句、puts 语句。系统将这输入输出语句放在了头文件 stdio. h 中，因此如果程序中用到了任意一种输入输出语句，必须在程序的开头部分加上 #include <stdio. h>或 #include "stdio. h"，否则程序将会报错。这三种输入输出语句虽然都可以进行输入和输出，但是也各有区别。scanf 语句和 printf 语句可以对任意格式的数据类型进行输入和输出。getchar 语句和

putchar 语句是专门的字符类型数据的输入和输出语句。而 gets 语句和 puts 语句是专门对字符串进行输入和输出的。本模块中各个任务中的输入输出功能选用的是 scanf 语句和 printf 语句。

(3) 空语句和复合语句：空语句是只有一个分号的语句。在 C 语言中分号是一句话结束的标记。因此尽管只有一个分号，也是一条语句，即空语句。而复合语句指的是将多条语句用{}括起来，形成一个语句块。

(4) if 语句和 switch-case 语句：这两种语句都是选择结构用到的语句。其中，if 语句有三种形式，分别是：if 语句、if-else 语句和 if-else if 语句。if 语句一般用于二分支结构，但是通过 if 语句的多种形式和嵌套，也可以表示多分支结构。而 switch-case 语句通常用于多分支结构，并且一般和 break 语句连用，用于跳出 switch-case 语句。

# 作业习题

1. 读程序，写出 x 最后的值。

```
x = -1;
do
{
      x = x * x;
}while(!x);
```

2. 读程序，写出 x 最后的值。

```
x = -1;
while(!x)
{
      x = x * x;
}
```

3. 读程序，写出 num 最后的值。

```
int num = 0;
while(num <= 2)
{
    num++;
    printf("%d\n",num);
}
```

4. 总结 if 实现多选和 switch 实现多选的应用场合的不同。

5. 编程实现：输入整数 $a$ 和 $b$，若 $a^2+b^2$ 大于 100，则输出 $a^2+b^2$ 百位以上的数字，否则输出两数之和。

6. 编程实现：求一元二次方程 $ax^2+bx+c=0$ 的根，$a,b,c$ 参数从键盘输入。

7. 已知某公司员工的保底薪水为500元,某月所接工程的利润profit(整数)与利润提成的关系如下所示(计量单位：元)。输入月利润profit,求员工的薪水salary。

| | |
|---|---|
| profit≤1000 | 没有提成 |
| 1000<profit≤2000 | 提成10% |
| 2000<profit≤5000 | 提成15% |
| 5000<profit≤10000 | 提成20% |
| 10000<profit | 提成25% |

8. 要求从键盘上输入1个10～100000之间的整数,将除其最高位数外的其余数字输出。

9. 输出整数 $N$ 的所有因子(除去1和自身)的平方和。

10. 编程计算 $1-\frac{1}{2^2}+\frac{1}{3^2}-\frac{1}{4^2}+\cdots+\frac{(-1)^{m-1}}{m^2}$ 的值,其中 $m$ 从键盘输入。

11. 输出 $N$ 以内最大的6个能被3或5整除的数。

12. 现有红色、黑色、白色15个球,要从中间取8个球,规则如下：至少有一个黑色球,红色球不得多于4个,请问共有多少种取法。

13. 做1个数学宝题目：10以内的加/减/乘/除法题,要求每个运算1道题,操作数随机生成,每题25分,用户答题后给出分数和鼓励语。(提示：查rand系列函数的用法。)

# 模块四 学生成绩管理

模块三完成了"学生成绩管理系统"的主菜单和子菜单两级菜单，本模块主要完成学生成绩管理的各项功能。该项目分为两种用户角色：管理员和学生。管理员的功能有学生成绩添加和浏览、学生成绩统计、学生成绩排序等。学生的功能有学生成绩查询。本模块主要采用模块化程序设计的方法实现这些功能，即将这些功能抽取成自定义的函数，并在已完成的子菜单中调用这些函数，实现各个功能。

【工作任务】

(1) 任务 4-1：学生成绩添加和浏览。

(2) 任务 4-2：学生成绩统计。

(3) 任务 4-3：学生成绩排序。

(4) 任务 4-4：学生成绩查询。

【学习目标】

(1) 掌握一维数组的定义和应用。

(2) 掌握循环结构 for 语句的应用。

(3) 掌握自定义函数的定义和调用过程。

(4) 理解并掌握一维数组的求最值、平均值等统计算法。

(5) 理解并掌握一维数组的冒泡排序、选择排序算法。

(6) 理解并掌握一维数组的顺序查找、折半查找算法。

(7) 理解并掌握二维数组的定义和应用。

## 任务 4-1：学生成绩添加和浏览

### 任务描述与分析

每个项目组完成了系统主菜单和两种用户的子菜单。接下来，要分别实现各个子菜单的功能。要进行学生成绩的管理，必须先将学生的成绩添加进去，并能够正确地浏览出来。因此，周老师要求每个项目组实现管理员子菜单中的班级成绩添加功能和班级成绩浏览功能，即将班级 30 名同学的 C 语言成绩添加到系统中，并能够正确地进行成绩浏览。

任务实现效果如图 4-1 和图 4-2 所示。系统运行时，首先进入主菜单，然后选择 1 以管理员身份进入管理员子菜单。继续选择 1，输入 30 名同学的 C 语言成绩。接着选择 2，输出 30 名同学的学号和对应的 C 语言成绩。

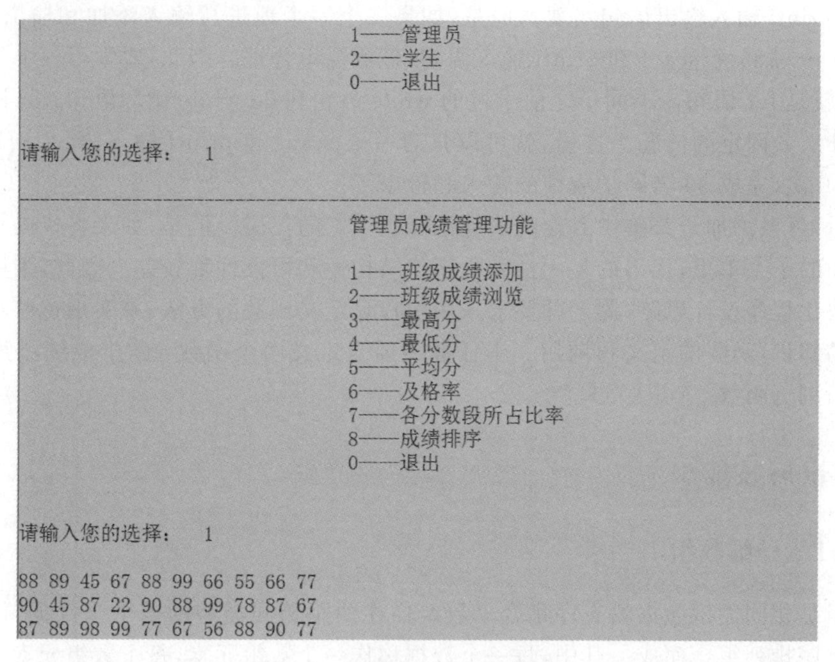


图 4-1　班级成绩添加实现效果

```
                    管理员成绩管理功能

                    1——班级成绩添加
                    2——班级成绩浏览
                    3——最高分
                    4——最低分
                    5——平均分
                    6——及格率
                    7——各分数段所占比率
                    8——成绩排序
                    0——退出

请输入您的选择：  2

1--Score: 88    2--Score: 89    3--Score: 45    4--Score: 67    5--Score: 88
6--Score: 99    7--Score: 66    8--Score: 55    9--Score: 66    10--Score: 77
11--Score: 90   12--Score: 45   13--Score: 87   14--Score: 22   15--Score: 90
16--Score: 88   17--Score: 99   18--Score: 78   19--Score: 87   20--Score: 67
21--Score: 87   22--Score: 89   23--Score: 98   24--Score: 99   25--Score: 77
26--Score: 67   27--Score: 56   28--Score: 88   29--Score: 90   30--Score: 77
```

图 4-2　班级成绩浏览实现效果

要完成这个任务，周老师要给项目组的同学们分析一下需要掌握哪些知识。

首先，要确定用哪种数据结构来存储 30 名同学的成绩。假设成绩都是整数，如果用之前学过的整型变量来存储 30 名同学的成绩，需要定义 30 个整型变量，显然是不合适的。因此，需要学习一种新的数据结构，那就是一维数组，只需要定义一个长度为30的一维整型数组就可以了。

其次，要将30名同学的成绩从键盘输入并存储到一维数组中，可以用以前学过的scanf和printf输入输出语句实现。但是，如果一个一个地进行输入添加和输出浏览，需要在程序中写30个scanf和printf输入语句，显然也不合理。因此，要学习一个新的循环语句，那就是for语句。不同于之前学过的while语句和do while循环语句，for语句一般用于循环次数固定的情况。这里，就可以只写一个scanf和printf输入语句，利用for语句循环30次，完成30名同学成绩的输入和输出了。

最后，可以添加子菜单中对应的成绩添加和浏览的代码。但是，如果将代码直接写到主函数中的子菜单里，代码的复用性和程序的结构性和可读性都较差。因此，采用应用广泛的模块化程序设计思路，周老师要求采用用户自定义函数的方法，来实现这些功能。要学习新的知识，函数的定义和调用。本任务需要自定义两个函数：学生成绩添加函数和学生成绩浏览函数。

## 相关知识与技能

### 4-1-1　一维数组

数组是相同类型数据的有序集合。数组描述的是相同类型的若干个数据，按照一定的先后次序排列组合而成。其中，每一个数据称作一个数组元素，每个数组元素可以通过一个下标来访问它们。数组有以下两个特点。

(1) 其长度是确定的，在定义的同时确定了其大小，在程序中不允许随机变动。

(2) 其元素必须是相同类型，不允许出现混合类型。

1. 一维数组的定义

定义语法：

```
<类型说明符><数组名>[<常量表达式>]
```

其中，类型说明符是任一种基本数据类型或构造数据类型；数组名是有效的用户自定义标识符；常量表达式表示数据元素的个数，也称为数组的长度。

例如：

```
int a[10] ;         //说明整型数组 a 有 10 个元素
char ch[20];        //字符型数组 ch 有 20 个元素
double d[5];        //双精度型数组 d 有 5 个元素
```

定义一个数组后，系统会在内存中分配一片连续的存储空间用于存放数组元素，元素的下标从0开始。例如，定义一个长度为10的整型数组int　a[10]，数组元素在内存的存储形式如图4-3所示。

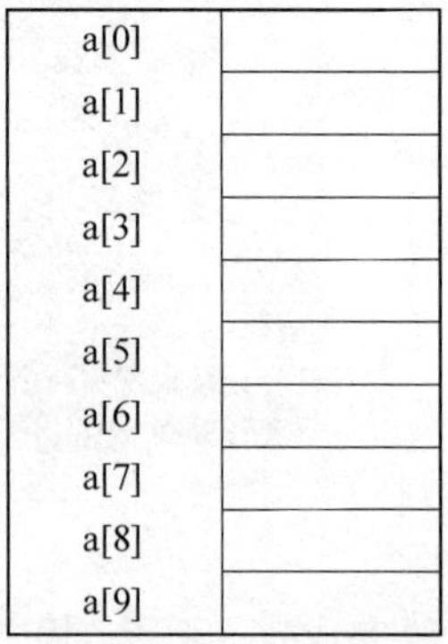

| | |
|---|---|
| a[0] | |
| a[1] | |
| a[2] | |
| a[3] | |
| a[4] | |
| a[5] | |
| a[6] | |
| a[7] | |
| a[8] | |
| a[9] | |

图4-3　数组a在内存的数据元素存储形式

2．一维数组的引用

一维数组元素的引用形式如下。

```
数组名[下标]
```

例如，定义一个整型数组 a，分别给每个数组元素赋值为它的下标，代码如下。

```
inta[5];
a[0] = 0; a[1] = 1; a[2] = 2; a[3] = 3; a[4] = 4;
```

3．一维数组的初始化

可以在定义数组的同时给数组元素赋初值，例如：

```
inta[10] = {0,1,2,3,4,5,6,7,8,9}
```

可以只给数组的部分元素赋值，例如：

```
int a[10] = {0,1,2,3,4};
```

只给 a[0]到 a[4]赋值，a[5]以后的元素自动赋 0。

如果给全部元素赋值，则定义数组的时候可以不给出数组的长度，例如

```
int a[] = {1,2,3,4,5};
```

### 4-1-2　for 语句

for 语句是一种循环语句。for 循环一般用于循环次数可定的情况，也可用于不能确定的情况，从而简化了循环的书写。

1．for 语句的语法格式

```
for(表达式 1; 表达式 2; 表达式 3)
    循环体语句;
```

其中，表达式 1 用于给循环变量赋初值；表达式 2 为循环条件，若为真，执行循环体；表达式 3 用于循环变量变化的步长设置。

在整个循环过程中，表达式 1 执行 1 次；表达式 2 执行的次数由循环条件决定；表达式 3 执行次数，比表达式 2 执行次数少一次；图 4-4 列出了 for 循环的流程图。

那么 for 语句和之前学过的 while、do-while 语句有什么区别呢？for 循环本质上就是 while 循环，条件执行比循环体和表达式 3 执行多 1 次。while 循环的用途广泛，是循环结构中用得最多的。条件执行比循环体执行多 1 次。

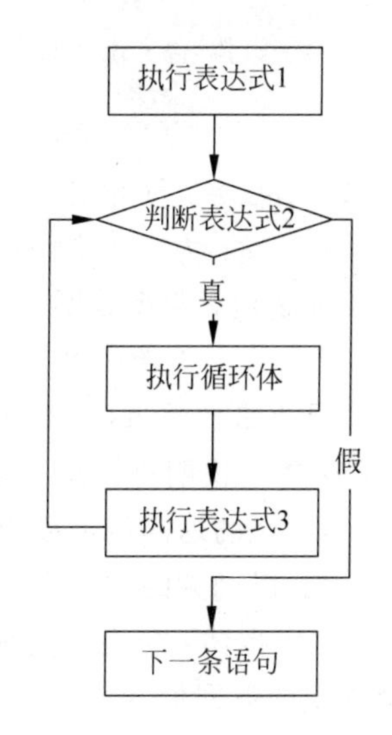


图 4-4　for 循环的流程图

do-while 循环的用途与 while 类似，条件执行和循环体执行的次数一样。

可以通过 for 循环给上面学到的一维数组元素循环赋值，例如：

```
int a[5];
for(i = 0;i < 5;i++)
    scanf(" % d",&a[i]);
```

这样，给一个长度为 5 的数组进行赋值，通过 for 循环，只需要写一个 scanf 语句，循环执行 5 次。

2. for 循环的嵌套

在循环体中可以出现语句的地方，都允许出现循环语句，称为循环的嵌套。内层的称为内循环，外层的称为外循环。例如：

```
for(i = 1;i < 10;i++)
    for(j = 1;j < 10;j++)
        printf(" % d * % d = % d\n",i,j,i * j);
```

说明：外层循环的值每变化 1 次，内层循环都要执行 1 个轮回，9×9＝81 次。

### 4-1-3 再识函数——函数的定义和调用

在模块一中，已经初识函数，函数是 C 程序的基本模块，也是模块化编程的基本单元。C 语言不仅提供了丰富的标准库函数，还允许用户建立自定义的函数。

1. 函数的定义

所有函数的地位都是平等的，它们在定义时都是平行的，任何函数不能定义在其他函数内。函数定义的格式如下。

```
类型说明符函数名(形式参数列表)
{
    函数体(包含说明部分和语句部分)
}
```

(1) 函数名：注意见名识意，函数名一般采用 Pascal 命名规范。

(2) 形参：为了实现函数的功能，必须有的原始输入数据，应该设置为形参。注意每个形参都必须有类型说明，哪怕所有形参都属于同一类型。

**注意**：在定义函数时，可以认为这些形参已经有值了，不要在函数内为它们输入值或赋值。因为它们的值，在进行函数调用时，会由实参传递过来。

(3) 类型说明符：表示函数返回值的类型，若函数不返回一个确定的值，则返回类型为 void，默认的返回值类型为 int。如果函数中 return 语句的表达式类型与所定义的函数类型不同，以函数的类型说明符为准。

(4) 函数体：包含了实现函数功能所必需的中间变量定义和相关语句。如果函数有一个确定的返回值，必须用 return 语句返回；否则，若返回类型为 void，可以没有此语句，或者写一个空 return 语句(return ;)。

2. 函数的调用

main 函数是主函数，它可以调用其他函数，而不允许被其他函数调用，其他的函数都是可以被调用的。程序执行时总是从主函数开始，完成对其他函数的调用后再返回主函数，在主函数中结束整个程序的运行。一个 C 语言程序有且只能有一个 main 函数。

函数调用表达式的格式如下。

```
函数名(实际参数列表)
```

其中，实参与函数定义时的形参必须在数量、顺序、类型上完全一致。函数的返回类型如果为空，则直接在此表达式后加分号，形成 1 个函数调用表达式语句。如果函数的返回类型不为空，则此表达式可以作为一个值，参与此返回类型的任何运算。

函数调用时，有两个关键的知识点必须正确理解。

(1) 函数调用流程的转换。C 程序的执行，一开始总是从 main 函数开始，当遇到函数调用时，流程会从主调函数转到子函数，首先进行参数传递，形参得到值后，开始逐条执行子函数中的语句，当遇到 return 语句时，流程再转回主调函数，如果函数的返回类型不为空，则返回值也被带回到主调函数，主调函数继续执行。

**注意**：子函数中可以有多个 return 语句，但只要子函数中执行到某个 return，就会立即返回。不存在执行到多个 return 语句的情况。函数调用时，流程的转换如图 4-5 所示。

(2) 参数的传递。以上多次提到形参和实参，首先必须知道它们的作用，其次必须理解参数传递的内在过程。

在函数定义中提到：为了实现函数的功能，必须有的原始输入数据，应该设置为形参。形参是为了实现函数功能而必须有的原始条件。那么，实参就是在函数调用时，把外界的原始值传递给形参(也就是传递给函数)的信使。函数是一个黑盒子，外界就是通过实参把原始数据传送给形参，然后函数就可以按设计功能得到结果。如果每次函数调用时，实参的值不同，那么函数可以根据得到的不同的值，按照设计功能进行运算，得到不同的输出值，而功能不变。这就是模块化程序设计的核心理念：函数是个可复用的软件组件，在不同的环境下，都可以按照设计功能得到结果。形参和实参的作用如图 4-6 所示。

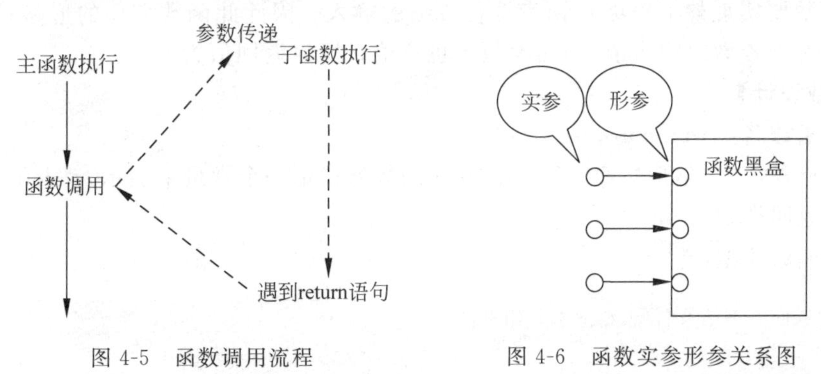


图 4-5　函数调用流程　　　　图 4-6　函数实参形参关系图

可见，实参必须是具备确定值的常量或变量或表达式，并且实参与形参必须在数量、顺序、类型上完全一致。

(3) 值传递和地址传递。实参把自己的值传递给形参,有两种情况:值传递和地址传递。

① 当实参和形参都是普通的变量时,实参就是把变量的值传递给形参,称为值传递。此时,实参占用一套内存单元,形参占用另一套内存单元,实参把值传递给形参后,它们就再无关系,任何一方的变动都不会影响对方,从图 4-7 可以清楚地理解这一过程。

② 当实参和形参都是数组名这样的数据时,实参仍然是把自己的值传递给形参,但此时的值是一个地址,也就是说,实参把自己的地址传递给形参,称为地址传递。如图 4-8 所示,实参和形参是同一地址值,也就是指向同一段内存单元,任何一方的变动就是另一方的变动,肯定是相互影响的。此时,在定义形参数组时,其类型必须与实参数组同,其长度不能大于实参数组,也可以省略其长度,因为两个数组是共用存储单元的。

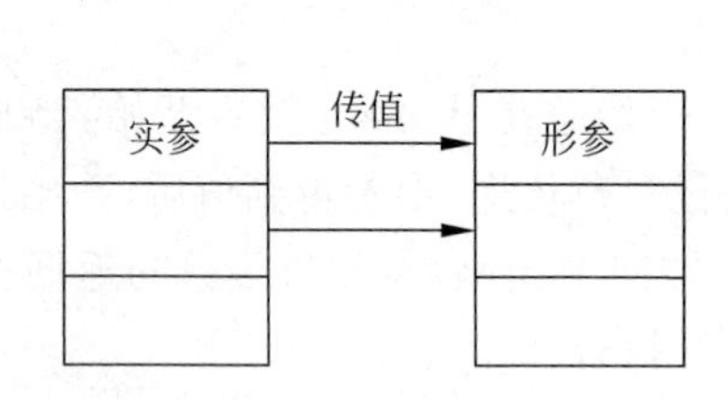


图 4-7 值传递过程

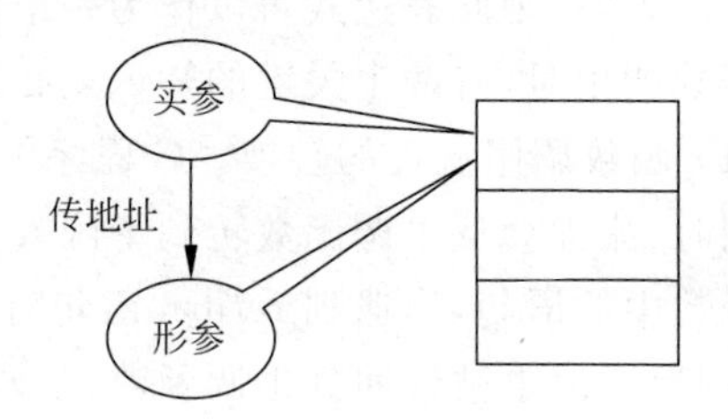


图 4-8 地址传递过程

## 任务实施

通过以上知识的学习,项目组就可以实施学生成绩添加和浏览的任务了。利用函数实现成绩的添加和浏览。

(1) 设计函数 AddScore 添加学生成绩,并在 main 函数的管理员子菜单的添加成绩的分支中,调用 AddScore 函数,完成任务。

(2) 设计函数 ListScore 浏览学生成绩。在 main 函数的管理员子菜单的浏览成绩的分支中,调用 ListScore 函数,完成任务。

1. 学生成绩添加:AddScore 函数的设计和调用

此函数要实现整个班级 C 语言课程成绩的输入。因此此函数需要的形参是数组,在子函数内为形参数组输入值,则实参数组也有值。所以返回值为 void。

**【函数设计】**

(1) 函数名:AddScore。

(2) 形参:1 个整形数组,长度为 N(在函数外指定一个常量来表示,#define N 30)。

(3) 返回类型:void。

(4) 函数原型:

```
函数返回类型函数名(整型形参数组名[N])
{
    for(i = 0;i < N;i++)
        scanf(元素);
}
```

**【函数实现】**

函数体中需要一个循环变量 i,用循环语句输入形参数组所有元素的值。

```
void AddScore(int s[])
{
    int i;
    for(i = 0;i < N;i++)
        scanf("%d",&s[i]);
}
```

**【函数调用】**

在主函数中的菜单前面,定义长度为 N 的实参数组,作为实参,在管理员子菜单的成绩添加分支内,以函数名(实参数组名)调用函数。

```
void main()
{
    int score[N];
    …
        case 1:
            AddScore(score);break;
    …
}
```

运行分析:形参数组得到值,就相当于实参数组得到值。

2. 学生成绩浏览:ListScore 函数的设计和调用

此函数,要实现整个班级 C 语言课程成绩的输出。因此,此函数需要的形参是数组,在子函数内输出形参数组,就是输出实参数组。所以返回值为 void。

**【函数设计】**

(1) 函数名:ListScore。

(2) 形参:1 个整形数组,长度为 N。

(3) 返回类型:void。

(4) 函数原型:

```
函数返回类型函数名(整型形参数组名[N])
{
    for(i = 0;i < N;i++)
        printf(元素);
}
```

**【函数实现】**

函数体中需要一个循环变量 i,用循环语句输出形参数组所有元素的值。

```
void ListScore(int s[])
{
    int i;
```

```
    for(i = 0;i < N;i++)
    {
        printf(" %d -- Score: %d\t",i + 1,s[i]);
    }
}
```

【函数调用】

在主函数中,定义一个同长度为 N 的实参数组作为实参,在管理员子菜单的成绩浏览分支内,以函数名(实参数组名)调用函数。

```
void main()
{
    int score[N];
    …
        case 2:
            ListScore (score);break;
    …
}
```

运行分析:输出形参数组 s 的值,就相当于输出实参数组得到 score 的值。

## 任务拓展

1. 任务拓展 1

试设计函数 IsPrime 判断某个数是否为素数,并输出 100 以内所有的素数。提示:素数指的是只能被 1 和自己整除的数,1 不是素数。

任务分析:IsPrime 函数的设计和调用。

(1) 确定函数名:IsPrime。

(2) 确定函数参数类型和传值方式:一个 int 参数,用于判断任意整数,因此是值传递。

(3) 确定函数返回值类型:int(为素数返回 1,否则返回 0)。

(4) 确定函数中算法:先定义一个开关变量 flag,初始化 flag 为 1。然后利用 for 循环,依次将 2 到 num－1 的所有数来整除 num,如果一旦有数能够整除 num,就将 flag 赋值为 0,并利用 break 语句退出 for 循环。最后 return flag,如果 flag 的值为 1,num 就是素数,否则如果 flag 的值为 0,num 就不是素数。

(5) 确定函数调用:在主函数中调用,利用 for 循环穷举调用 IsPrime 函数,若是素数则输出。

代码实现:

```
intIsPrime(int num)
{
    int i , flag = 1;
    for(i = 2; i < num; i++)
    {
        if(num % i == 0)
```

```
        {
                flag = 0 ;
                break;
        }
    }
return flag;
}

#include <stdio.h>
void main()
{
    int i;
    for(i = 2;i <= 100;i++)
        if(IsPrime(i))printf(" %d is prime\t",i);
}
```

跳出循环经常用到的是 break 语句和 continue 语句，但是这两种语句是有区别的。

break 语句：用于跳出 switch 语句或循环语句。经常与 if 语句一起使用，满足条件时跳出循环，只能跳出其所在的那一层循环。

continue 语句：结束本次循环，跳过循环体中剩余的语句，直接执行下一次循环。

在本任务的实施中，用到了 break 语句，用来跳出 for 循环，从而减少循环次数。而在函数调用时，由于函数的返回类型是整数，函数是作为 if 语句的判断条件进行调用的。主函数中，利用 for 语句判断 2～100 之间的所有数是否是素数。如果函数返回 1，则输出是素数，否则不输出。

2. 任务拓展 2

试设计函数 IsShuiXianHua 判断某数是否为水仙花数，并求所有的水仙花数。提示：一个三位数，每一位数字的立方和等于该数本身，这个三位数就是水仙花数。

任务分析：IsShuiXianHua 函数的设计和调用。

(1) 确定函数名：IsShuiXianHua。

(2) 确定函数参数类型和传值方式：一个 int 参数，用于判断任意三位数，因此是值传递。

(3) 确定函数返回值类型：int(为水仙花数返回 1，否则返回 0)。

(4) 确定函数中算法：判断形参 m 是否是水仙花数，首先取出 m 的百、十、个三位数字放到变量 m1、m1、m3 中。然后计算三位数字的立方和并赋值到变量 n 中。最后判断 m 和 n 是否相等，如果相等就返回 1，否则返回 0。

(5) 确定函数调用：在主函数中调用，利用 for 循环穷举调用 IsPrime 函数，若是素数则输出。

代码实现：

```
intIsShuiXianHua (int m)
{
    int m,m1,m2,m3,n;
    m1 = m/100;
```

```
    m2 = m/10 % 10;
    m3 = m % 10;
    n = m1 * m1 * m1 + m2 * m2 * m2 + m3 * m3 * m3;
    if(m == n)
        return 1;
    else
        return 0;
}

#include <stdio.h>
void main()
{
    int i;
    for(i = 100;i <= 999;i++)
        if(IsShuiXianHua (i))printf(" %d is ShuiXianHua \t",i);
}
```

在本任务的实施中，在函数的设计中，主要运用了各种运算符进行运算。而在函数调用时，由于函数的返回类型是整数，函数也是作为 if 语句的判断条件进行调用的。主函数中，利用 for 语句判断 100～999 之间的所有的三位数是否是水仙花数，如果函数返回 1，则输出是水仙花数，否则不输出。

3. 任务拓展 3

试设计函数 IsLeapYear 判断某年是否为闰年，并输出 21 世纪所有的闰年（提示：闰年指的是能被 4 整除但不能被 100 整除，或者能被 400 整除的年份）。

任务分析：IsLeapYear 函数的设计和调用。

(1) 确定函数名：IsLeapYear。

(2) 确定函数参数类型和传值方式：一个 int 参数，用于判断任意年份，因此是值传递。

(3) 确定函数返回值类型：int（为闰年返回 1，否则返回 0）。

(4) 确定函数中算法：先定义一个标志变量 flag，初始化为 0。然后判断形参 y 是否是闰年（能被 4 整除但不能被 100 整除，或者能被 400 整除）。若是，flag 赋值为 1，如果 flag 的值为 1，y 就是闰年，否则如果 flag 的值为 0，y 就不是闰年。

(5) 确定函数调用：在主函数中调用，利用 for 循环穷举调用 IsLeapYear 函数，若是闰年则输出。

代码实现：

```
#include <stdio.h>
int IsLeapYear(int y)
{
    int flag = 0;
```

```
    if(y % 4 == 0&&y % 100!= 0 || y % 400 == 0)
    flag = 1;
    return flag;
}
void main()
{
    int y;
    for(y = 2000;y <= 2099;y++)
      if(IsLeapYear(y))
          printf(" %d is leap year !\n",y);
}
```

在本任务的实施中,在函数的设计中,设计了一个标识变量 flag,假设当值为 1 时,表示该年份是闰年,值为 0 时,表示该年份不是闰年。而在函数调用时,由于函数的返回类型是整数,函数也是作为 if 语句的判断条件进行调用的。主函数中,利用 for 语句判断 2000 到 2099 之间的所有的年份是否是闰年,如果函数返回 1,则输出是闰年,否则不输出。

# 任务 4-2:学生成绩统计

## 任务描述与分析

任务 4-1 中,每个项目组已经完成了学生成绩的添加和浏览,现在周老师想对学生成绩做一些统计工作,如求最高分、最低分、平均分、及格率、各分数段人数占全体学生数的比率等。

任务实现效果如图 4-9 所示。系统运行时,首先进入主菜单,然后选择 1 以管理员身份进入管理员子菜单,接着选择 3~7 进入学生成绩统计功能。选择 3,实现求班级成绩最高分功能,输出班级成绩的最高分。选择 4,实现求班级成绩最低分功能,输出班级成绩的最低分。选择 5,实现求班级成绩的平均分功能,选择 6,实现求班级成绩的及格率功能,输出班级成绩的及格率,再选择 7,实现求各分数段人数占全体学生数的比率,输出各分数段所占比率。

要完成这个任务,周老师要给项目组的同学们分析一下需要掌握哪些知识。本任务主要涉及如下一些数组的常用算法。

(1) 数组元素的求最大值算法。假设最大值为首元素,然后用循环语句,将其余元素与之比较,适时调整最大值。即可求出整个数组的最大值。

(2) 数组元素的求最小值算法。假设最小值为首元素,然后用循环语句,将其余元素与之比较,适时调整最小值。即可求出整个数组的最小值。

(3) 数组元素的求平均算法。假设数组中所有元素的和为 0,然后用循环语句,将所

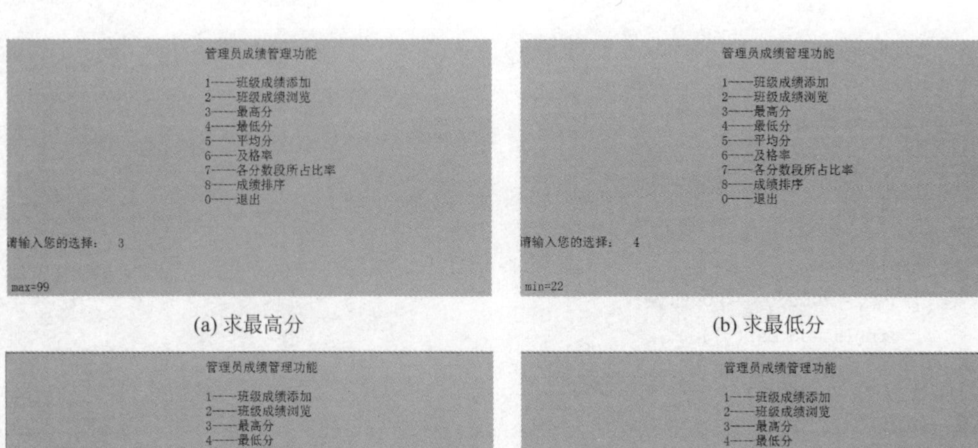


(a) 求最高分　　(b) 求最低分

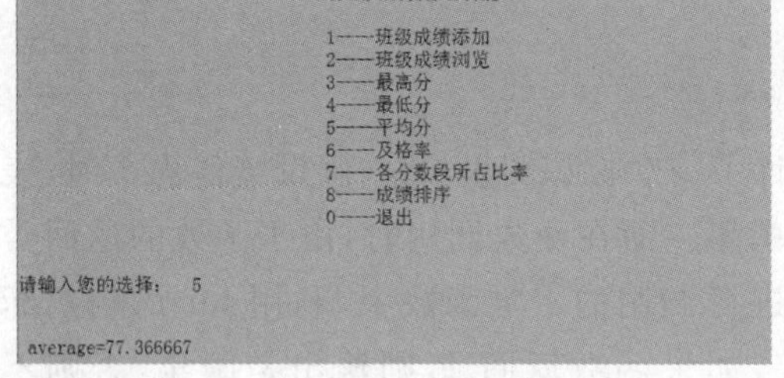


(c) 求平均分

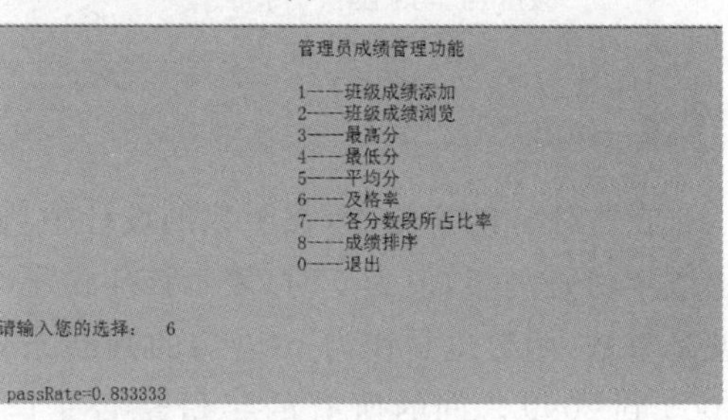


(d) 求及格率

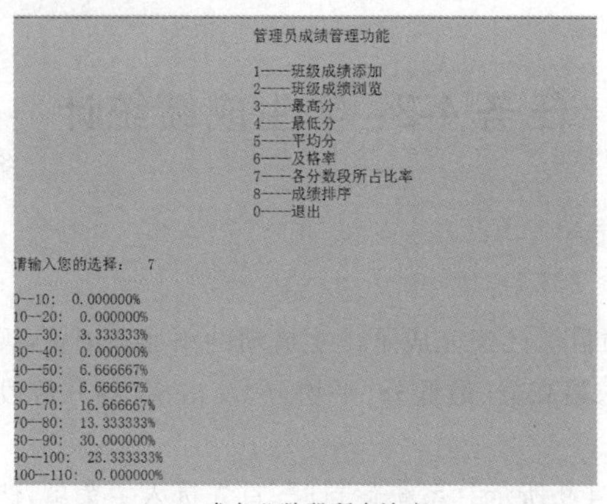


(e) 求各分数段所占比率

图 4-9　学生成绩统计

有数组元素都累加到数组和里，此时得到整个数组的和，用数组和除以数组元素个数。即可求出整个数组的平均值。

(4) 数组元素的求及格率算法。用循环语句，将值大于等于 60 的元素进行计数。循环结束后，将此数除以数组总个数，即可求出及格率。

(5) 数组元素的分段统计算法。用循环语句，将某分数段的元素进行计数。循环结束后，将计算的个数除以数组总个数，即可输出该分数段所占比率。接下来用循环语句可求出各分数段人数占全体学生数的比率。

实现算法来完成任务需要应用一维数组，也需要设计函数、调用函数实现。本任务需要自定义 5 个函数：求最高分函数、最低分函数、平均分函数、及格率函数和各分数段人数占全体学生数的比率函数。最后，可以添加子菜单中对应的函数调用代码。

## 相关知识与技能

### 一维数组的应用

任务 4-1 中，已经学习了一维数组的定义、引用和初始化，下面利用已学知识来对一维数组进行应用。

**【例 4-1】** 从键盘输入 10 个整型数据，找出其中的最大值并输出。

(1) 设计函数，利用循环输入 10 个整型数据，给数组元素赋值。

```
void input(int s[])                              //输入 10 个整型数据
{
        int i;
        printf("请输入 10 个整数: ");
        for(i = 0;i < 10;i++)
              scanf(" % d",&s[i]);
}
```

(2) 设计函数，找出最大值。假设最大值为首元素，然后用循环语句，将其余元素与之比较，适时调整最大值。即可求出整个数组的最大值。

```
int Max(int s[])                                 //找出最大值
{
    int i,max;
    max = s[0];                                  //假设最大值为首元素
    for(i = 1;i < M;i++)
        if(s[i]> max)
            max = s[i];
    return max;
}
```

(3) 函数调用，输出最大值。

```
void main()
{
    int a[10],max;
    input(a);
    max = Max(a);
    printf("max = % d\n",max);
}
```

## 任务实施

通过以上知识的学习，项目组就可以实施学生成绩统计的任务了。利用函数实现求最高分、最低分、平均分、及格率、各分数段人数占全体学生数的比率等。

(1) 设计函数 MaxScore 求最高分,并在 main 函数的管理员子菜单的求最高分的分支中,调用 MaxScore 函数,完成任务。

(2) 设计函数 MinScore 求最低分,并在 main 函数的管理员子菜单的求最低分的分支中,调用 MinScore 函数,完成任务。

(3) 设计函数 AvgScore 求平均分,并在 main 函数的管理员子菜单的求平均分的分支中,调用 AvgScore 函数,完成任务。

(4) 设计函数 PassRate 求及格率,并在 main 函数的管理员子菜单的求及格率的分支中,调用 PassRate 函数,完成任务。

(5) 设计函数 SegScore 求各分数段人数占全体学生数的比率,并在 main 函数的管理员子菜单的求各分数段人数占全体学生数的比率的分支中,调用 SegScore 函数,完成任务。

1. 求最高分:MaxScore 函数的设计和调用

**【功能描述】**

此函数,要求出整个数组中的最大值。因此,此函数需要的形参是数组,在函数内求出最大值,所以返回值为最大值,是 int 型。

**【函数设计】**

(1) 函数名:MaxScore。

(2) 形参:1 个整形数组,长度为 N(在函数外指定一个常量来表示,#define N 30)。

(3) 返回类型:int。

(4) 函数原型:

```
函数返回类型 函数名(整型形参数组名[N])
{
    max = 首元素;
    for(i = 1;i < N;i++)
    用 if 语句判断,若当前元素大于 max,则 max 赋值为当前元素
    return max;
}
```

**【函数实现】**

函数体中设最大值为首元素,然后用循环语句,将其余元素与之比较,适时调整最大值。即可求出整个数组的最大值。

```
int MaxScore(int s[])
{
    int i,max;
    max = s[0];
    for(i = 1;i < M;i++)
        if(max < s[i])
            max = s[i];
    return max;
}
```

**【函数调用】**

在主函数中，用已有值的成绩数组，作为实参，在管理员子菜单的成绩统计分支内，调用函数

```
void main()
{
    int score[N];
    …
        case 3:
            MaxScore (score);break;
            …
}
```

2. 求最低分：MinScore 函数的设计和调用

此函数要求出整个数组中的最小值。因此，此函数需要的形参是数组，在函数内求出最小值，所以返回值为最小值，是 int 型。

**【函数设计】**

(1) 函数名：MinScore。

(2) 形参：1 个整形数组，长度为 N。

(3) 返回类型：int。

(4) 函数原型。

```
函数返回类型 函数名(整型形参数组名[N] )
{
    min = 首元素;
    for(i = 1;i < N;i++)
        用 if 语句判断,若当前元素小于 min,则 min 赋值为当前元素
    return min;
}
```

**【函数实现】**

函数体中需要 1 个循环变量 i，1 个存放最小值的变量 min。设最小值为首元素，然后用循环语句，将其余元素与之比较，适时调整最小值。即可求出整个数组的最小值。

```
int MinScore (int s[])
{
    int i,min;
    min = s[0];
    for(i = 1;i < M;i++)
        if(s[i]< min)
            min = s[i];
    return min;
}
```

**【函数调用】**

在主函数中，用已有值的成绩数组，作为实参，在管理员子菜单的成绩统计分支内，输出：函数名(实参数组名)的函数调用表达式。

```
void main()
{
    int score[N];
    …
            case 4:
                MinScore (score);break;
        …
}
```

3. 求平均分：AvgScore 函数的设计和调用

此函数要求出整个数组的平均值。因此，此函数需要的形参是数组，在函数内求出平均值，所以返回值为平均值，是 float 型。

**【函数设计】**

(1) 函数名：AvgScore。

(2) 形参：1 个整形数组，长度为 N。

(3) 返回类型：float。

(4) 函数原型：

```
函数返回类型 函数名(整型形参数组名[N] )
{
    sum = 0;
    for(i = 1;i < N;i++)
        把当前元素值累加到 sum 中;
    average 的值为 sum 除以数组元素个数
    return average;
}
```

**【函数实现】**

函数体中需要一个循环变量 i，一个存放数组和的变量 sum。假设数组中所有元素的和为 0，然后用循环语句，将所有数组元素都累加到数组和里，用数组和除以数组元素个数。即可求出整个数组的平均值。

```
float AvgScore( int s[])
{
    int i, sum = 0;
    float average;
    for(i = 0;i < M;i++)
        sum += s[i];
    average = sum * 1.0/M;
    return average;
}
```

**【函数调用】**

在主函数中,用已有值的成绩数组作为实参,在管理员子菜单的成绩统计分支内,以函数名(实参数组名)调用函数。

```
void main()
{
    int score[N];
    …
            case 5:
                AvgScore (score);break;
                …
}
```

4. 求及格率:PassRate 函数的设计和调用

此函数要求出整个数组中值大于等于 60 的元素所占的比率。因此,此函数需要的形参是数组,在函数内求出该比率,所以返回值为浮点型。

**【函数设计】**

(1) 函数名:PassRate。

(2) 形参:1 个整形数组,长度为 N。

(3) 返回类型:double。

(4) 函数原型:

```
函数返回类型 函数名(整型形参数组名[N] )
{     num = 0
      for(i = 0;i < N;i++)
          用 if 语句判断,若当前元素大于等于 60,则 num++
      return num * 1.0/N;
}
```

**【函数实现】**

函数体中的中间变量:需要一个循环变量 i,一个存放计数值的变量 num。函数体中用循环语句,将值大于或等于 60 的元素进行计数。循环结束后,将此数除以数组总个数,即可返回。

```
double PassRate(int s[])
{
    int i,num = 0;
    for(i = 0;i < N;i++)
        if(s[i]> = 60)
        num++;
    return num * 1.0/N;
}
```

**【函数调用】**

在主函数中,用已有值的成绩数组,作为实参,在管理员子菜单的成绩统计分支内,以函数名(实参数组名)调用函数。注意输出时的格式控制,要输出"67%"这样的格式。

```
void main()
{
    int score[N];
    …
        case 6:
            PassRate (score);break;
            …
}
```

5. 求各分数段人数占全体学生数的比率:SegScore 函数的设计和调用

此函数要求出数组中每10分一段各分数段学生的人数,以及此段元素的数目占总数目的比率。因此,此函数需要的形参是数组以及分数段的首尾值,在函数内求出该分数段所占比率,所以返回值为该分数段所占比率,是float型。

**【函数设计】**

(1) 函数名:SegScore。

(2) 形参:1个整形数组,长度为N。两个整型分别是某分数段的首尾值。

(3) 返回类型:double。

(4) 函数原型:

```
函数返回类型 函数名(整型形参数组名[N],整型分数段的起始值,整型,分数段的终止值)
{
    num初始化为0
    for(i=0;i<N;i++)
        如果当前元素在分数段内,num++;
}
```

**【函数实现】**

函数体需要一个循环变量i,一个存放计数值的变量num。函数体中用循环语句,将某分数段的元素进行计数。循环结束后,将计算的个数除以数组总个数,即可输出。

```
double SegScore(int s[M],int a,int b)
{
    int i,num=0;
    double p=0;
for(i=0;i<M;i++)
    {
        if(b==100)
        {
            if(s[i]>=a&&s[i]<=b)
            num++;
        }
        else if(s[i]>=a&&s[i]<b)
```

```
        num++;
        }
        p = num * 1.0/M;
        return p;
}
```

**【函数调用】**

在主函数中，用循环将各分数段比率分别计算输出，用已有值的成绩数组和分数段的首尾值作为实参，在管理员子菜单的成绩统计分支内，以函数名（实参数组名，分数段的起始值，分数段的终止值）调用函数。

```
void main()
{
    int score[N];
    …
        case 6:
            for(i = 0;i < 10;i++)
                printf(" %d-- %d之间的比率为 %.0f% %\n",i * 10,(i + 1) * 10,
                    SegScore(score,i * 10,(i + 1) * 10) * 100);
            break;
    …
}
```

## 任务拓展

每个项目组目前已完成了成绩的添加和浏览，以及成绩的统计。接下来，周老师说，班级共30名同学，分成5个项目组，每组6人，想知道班级C语言成绩的最高分。可以使用二维数组来存放班级同学的C语言成绩，每一行存放一组同学的成绩，就需要使用到二维数组。下面介绍一下二维数组的相关知识。

(1) 二维数组定义。二维数组定义的一般形式如下。

```
类型说明符 数组名[常量表达式 1][常量表达式 2]
```

其中，常量表达式1表示第一维下标的长度，常量表达式2表示第二维下标的长度。例如，int a[3][4]说明了一个三行四列的数组，数组名为a，其下标变量的类型为整型。该数组的下标变量共有3×4个，即

```
a[0]    a[0][0], a[0][1], a[0][2], a[0][3]
a[1]    a[1][0], a[1][1], a[1][2], a[1][3]
a[2]    a[2][0], a[2][1], a[2][2], a[2][3]
```

二维数组又称为数组的数组，数组a可以看成长度为3的一维数组，三个数组元素分别为a[0]、a[1]、a[2]。其中a[0]、a[1]、a[2]又分别是长度为4的一维数组。

(2) 二维数组的初始化。按行分段赋值的示例代码如下。

```
int  a[5][3] = { {80,75,92},{61,65,71},{59,63,70},{85,87,90},{76,77,85}};
```

按行连续赋值的示例代码如下。

```
int  a[5][3] = { 80,75,92,61,65,71,59,63,70,85,87,90,76,77,85};
```

若对全部元素赋初值,则第一维的长度可以不给出。例如,"int a[3][3]={1,2,3,4,5,6,7,8,9};"可以写为"int a[][3]={1,2,3,4,5,6,7,8,9};"。

可以只对部分元素赋初值未赋初值的元素自动取0值。例如,"int a[3][3]={{1},{2},{3}};"是对每一行的第一列元素赋值,未赋值的元素取0值。元素如下所示。

```
1 0 0
2 0 0
3 0 0
```

(3) 二维数组元素的引用。二维数组元素的引用形式如下。

```
数组名[下标][下标]
```

例如,a[3][4]表示a数组第4行第5列的元素。

有了以上相关知识,试设计函数MaxScore,求出最高分。

MaxScore函数的设计和调用如下。

① 确定函数名:MaxScore。

② 确定函数参数类型和传值方式:一个int类型的二维数组a,用于存放每一项目组的学生成绩,因此是地址传递。

③ 确定函数返回值类型:int(返回最高分)。

④ 确定函数中算法:假设最大的数max为a[0][0],循环扫描每一行i每一列j,将该行该列的元素与max比较,如果a[i][j] > max则max=a[i][j]。

⑤ 确定函数调用:在主函数中调用,返回值就是最高分,打印输出该返回值。

代码实现:

```
#include <stdio.h>
#define M  5
#define N  6
int MaxScore (int a[M][N])
{
    int i,j,max;
    max = a[0][0];
    for(i = 0;i < M;i++)
    {
        for(j = 0;j < N;j++)
        {
            if(a[i][j]> max)
                max = a[i][j];
        }
    }
```

```
    return max;
}

void main()
{
    int i,j,b[M][N];
    for(i = 0;i < M;i++)
      for(j = 0;j < N;j++)
          scanf(" %d", &b[i][j]);
    printf("最高分为 %d \n" ,MaxScore(b));
}
```

在本任务的实施中，在函数的设计中，假设最大数 max 为 a[0][0]，用两重循环扫描每一行 i 每一列 j，将该行该列的元素与 max 比较，如果 a[i][j] >max 则 max=a[i][j]。而在函数调用时，由于函数的返回类型是整数，直接打印输出，输出的结果就是最高分。

# 任务 4-3：学生成绩排序

## 任务描述与分析

每个项目组完成了学生成绩简单的统计查询。接下来周老师要求每个项目实现成绩排序功能，把班级学生 C 语言成绩从高分到低分依次排列。

任务实现的效果如图 4-10 和 4-11 所示。系统运行时首先进入主界面，然后选择 1 以管理员身份进入管理员子菜单。选择 1，添加班级学生成绩，输入 30 名同学的 C 语言成绩。接着再次选择 8，实现成绩排序功能，从高分到低分依次输出学号和 C 语言成绩。

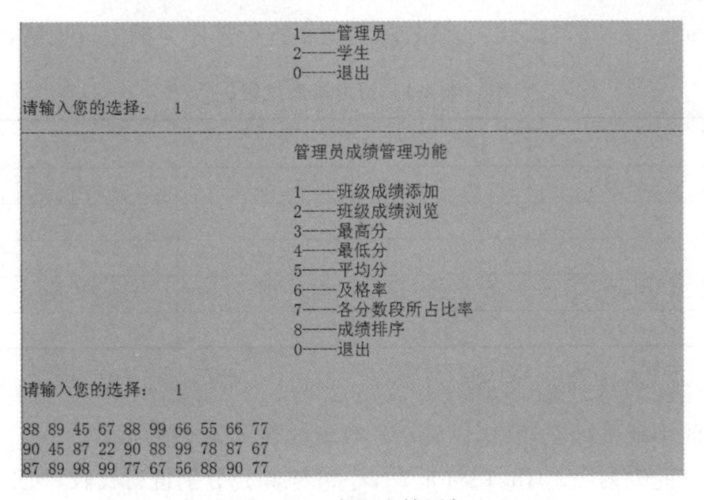


图 4-10　班级成绩添加

要完成这个任务，周老师要给项目组的同学们分析一下需要掌握哪些知识。学生的成绩都是存放在一维整型数组中的，要将成绩从高分到低分进行排列，那么就必须要掌握对一维数组的排序相关知识，对一维数组进行排序主要有冒泡排序和选择排序两种算法。

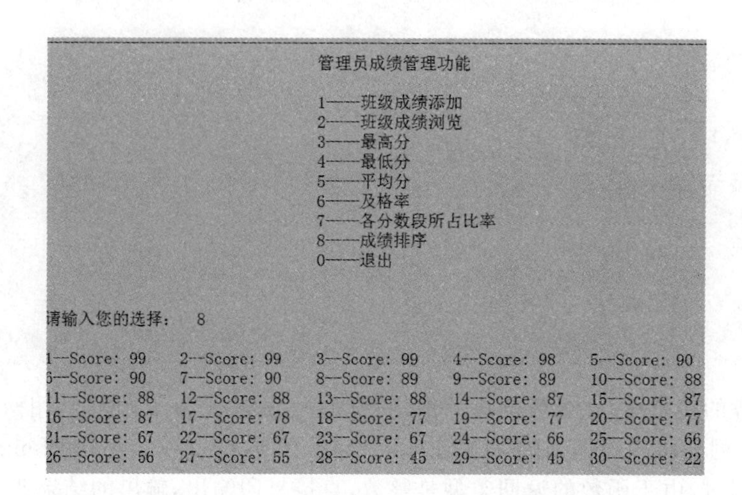


图 4-11 班级成绩排序效果

## 相关知识与技能

### 4-3-1 冒泡排序

1. 算法思想

冒泡排序是最简单最常用的排序算法，它重复地走访要排序的数组，将相邻的两个元素进行比较，如果顺序错误就把它们交换过来，直到没有元素需要再交换，这样数组就完成了排序。这个算法的名字由来是因为越小(或越大)的元素会经交换慢慢“冒泡”到数组的末尾。

2. 排序过程

以对数组 a[5]={76,71,82,63,94}从大到小进行排序为例进行说明，如表 4-1 所示。

**表 4-1 冒泡排序过程**

| 排序过程 | a[0] | a[1] | a[2] | a[3] | a[4] |
|---|---|---|---|---|---|
| 排序前 | 76 | 71 | 82 | 63 | 94 |
| 第一轮 | 76 | 82 | 71 | 94 | 63 |
| 第二轮 | 82 | 76 | 94 | 71 | 63 |
| 第三轮 | 82 | 94 | 76 | 71 | 63 |
| 第四轮 | 94 | 82 | 76 | 71 | 63 |

第一轮：将 a[0]与 a[1]，a[1]与 a[2]，a[2]与 a[3]，a[3]与 a[4]分别进行比较，如果前面的比后面的小就进行交互，这样最小的数就放在了 a[4]的位置。

第二轮：将 a[0]与 a[1]，a[1]与 a[2]，a[2]与 a[3]分别进行比较，如果前面的比后面的小就进行交互，这样次小的数就放在了 a[3]的位置。

第三轮：将 a[0]与 a[1]，a[1]与 a[2]分别进行比较，如果前面的比后面的小就进行交互，这样次小的数就放在了 a[2]的位置。

第四轮：将 a[0]与 a[1]进行比较，如果前面的比后面的小就进行交互，这样次小的数就放在了 a[1]的位置，完成排序。

3. 算法设计

冒泡排序需要嵌套循环，外层控制轮次，内层控制比较的范围。数组中有 N 个数，那么共需进行 N－1 轮排序，以 i 来表示进行的轮次，i 从 1 开始，到 N－1 结束。那么第 i 轮排序的过程是：将 a[0]与 a[1]、a[1]与 a[2]、…、a[N－i－1]与 a[N－i]分别进行比较，如果顺序错误，则进行交互，也就是说内层循环 j 从 0 到 N－i－1 结束，冒泡排序的流程图如图 4-12 所示。

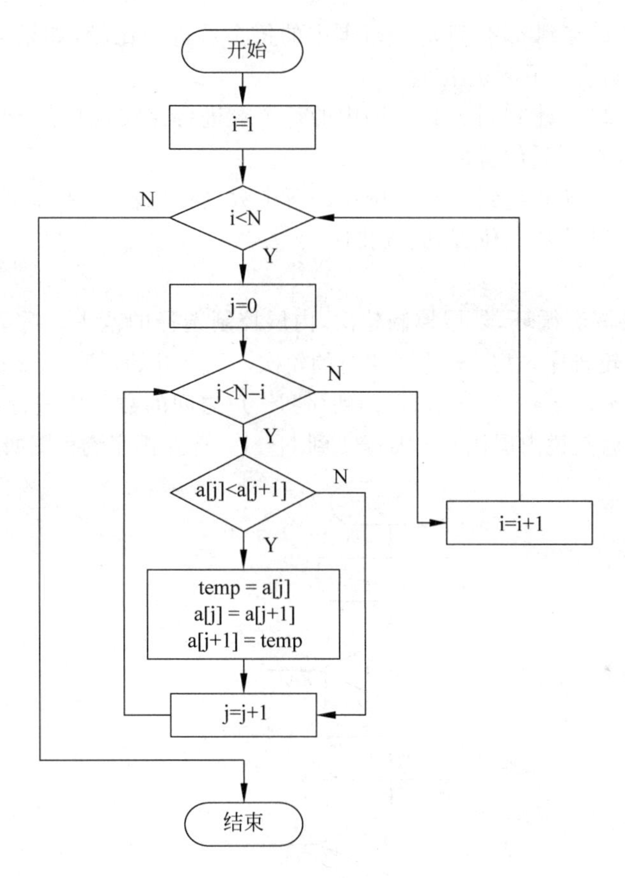


图 4-12　冒泡排序流程图

## 4-3-2　选择排序

1. 算法思想

每一趟从待排序的数据元素中选出最小（或最大）的一个元素，放在已排好序的数列的最后直到全部待排序的数据元素排完。选择排序是不稳定的排序方法。

2. 排序过程

以对数组 a[5]＝{76，71，82，63，94}从大到小进行排序为例进行说明，如表 4-2 所示。

第一轮：将 a[0]与 a[1]到 a[4]范围中的每个数进行比较，如果 a[0]小，则进行交换，这样最大的数就放到了 a[0]位置。

表 4-2　选择排序过程

| 排序过程 | a[0] | a[1] | a[2] | a[3] | a[4] |
|---|---|---|---|---|---|
| 排序前 | 76 | 71 | 82 | 63 | 94 |
| 第一轮 | 94 | 71 | 76 | 63 | 82 |
| 第二轮 | 94 | 82 | 71 | 63 | 76 |
| 第三轮 | 94 | 82 | 76 | 63 | 71 |
| 第四轮 | 94 | 82 | 76 | 71 | 63 |

第二轮：将 a[1]与到 a[2]到 a[4]范围中的每个数进行比较，如果 a[1]小，则进行交换，这样次大的数就放到了 a[1]位置。

第三轮：将 a[2]与 a[3]到 a[4]范围中的每个数进行比较，如 a[2]小，则进行交换，这样次大的数就放到了 a[2]位置。

第四轮：将 a[3]与 a[4]到 a[4]范围中的每个数进行比较，如果 a[3]小，则进行交换，这样次大的数就放到了 a[3]位置，完成排序。

3. 算法设计

选择排序需要嵌套循环，外层控制轮次，内层控制选择的范围。数组中有 N 个数，那么共需进行 N－1 轮排序。以 i 来表示进行的轮次，i 从 0 开始，到 N－2 结束。那么第 i 轮排序的过程是：将 a[i]与 a[i＋1]、a[i＋2]到 a[N－1]之间的数分别进行比较，如果顺序错误，则进行交互，也就是说内层循环 j 从 i＋1 到 N－1。选择排序流程图如图 4-13 所示。

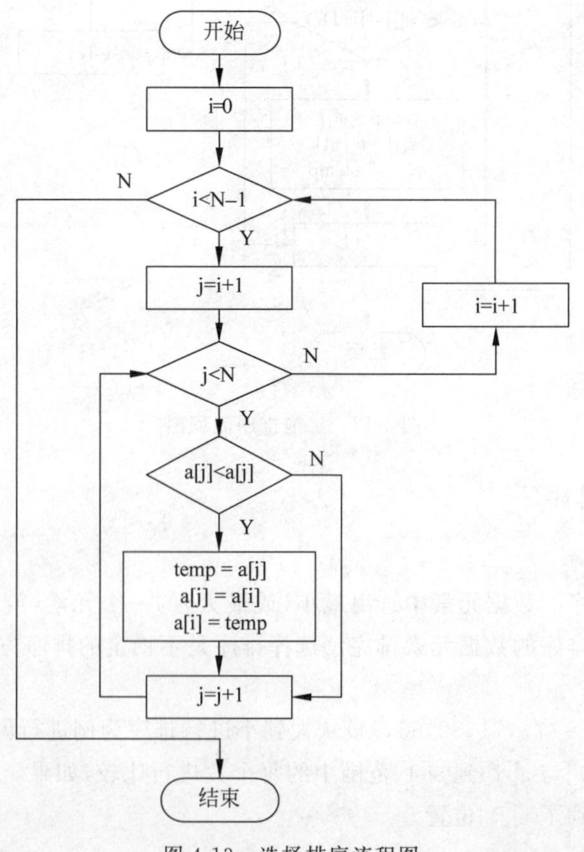


图 4-13　选择排序流程图

## 任务实施

通过以上知识的学习，项目组就可以实施学生成绩排序的任务了。

(1) 设计冒泡排序函数 SortA，并在 main 函数的管理员子菜单的成绩排序的分支中，调用 SortA 函数，完成任务。

(2) 设计选择排序函数 SortB，并在 main 函数的管理员子菜单的成绩排序分支中，调用 SortB 函数，完成任务。

1. 学生成绩冒泡排序：SortA 函数的设计与调用

此函数要实现整个班级 C 语言课程成绩的排序功能。因此，此函数需要的形参是数组，排序的结果还是在数组中，返回值类型为 void。

**【函数设计】**

(1) 函数名：SortA。

(2) 形参：1 个整型数组，长度为 N。

(3) 返回类型：void。

(4) 函数原型：

```
函数返回类型函数名(整型形参数组名[N])
{
    for(i = 1;i < N;i++)
        for(j = 0;j < N - I;j++)
        {
            …
        }
}
```

**【函数实现】**

交换过程中需要一个临时变量，定义为 temp，另外需要两个循环变量 i、j。外层循环变量 i 控制轮次，内层循环变量控制比较的范围。

```
void SortA(int cScore[N])
{
    int i,j,temp;
    for(i = 1;i < N;i++)
    {
        for(j = 0;j < N - i;j++)
        {
            if(cScore [j]< cScore [j + 1])
            {
              temp = cScore[j];
              cScore[j] =  cScore[j + 1];
              cScore[j + 1] = temp;
            }
```

```
        }
    }
}
```

**【函数调用】**

```
void main()
{
    int score[N];
    …
        case 7:
            //调用冒泡排序函数
            SortA(score);
            ListScore (score);
            break;
    …
}
```

2. 学生成绩选择排序：SortB函数的设计与调用

此函数要实现整个班级C语言课程成绩的排序功能。因此，此函数需要的形参是数组，排序的结果还是在数组中，返回值类型为void。

**【函数设计】**

(1) 函数名：SortB。

(2) 形参：1个整型数组，长度为N。

(3) 返回类型：void。

(4) 函数原型：

```
函数返回类型函数名(整型形参数组名[N] )
{
    for(i = 1;i < N;i++)
        for(j = 0;j < N - I;j++)
        {
                …
        }
}
```

**【函数实现】**

交换过程中需要一个临时变量，定义为temp，另外需要两个循环变量i、j。外层循环变量i控制轮次，内层循环变量控制选择的范围。

```
void SortB( int cScore[N] )
{
    int i , j , temp;
    for(i = 0;i < N - 1;i++)
```

```
    {
        for(j = i + 1;j < N;j++)
        {
            if(cScore [i]< cScore [j])
            {
                temp = cScore[j];
                cScore[j] =  cScore[i];
                cScore[i] = temp;
            }
        }
    }
}
```

**【函数调用】**

```
void main()
{
    int score[N];
    ...
        case 7:
            //调用选择排序函数
            SortB(score);
            ListScore (score);
            break;
    ...
}
```

## 任务拓展

设计函数 SortC,使用插入排序算法对学生成绩进行从高分到低分进行排序。

(1) 插入排序:插入排序的基本操作就是将一个数据插入到已经排好序的有序数组中,从而得到一个新的、个数加一的有序数组。

(2) 算法设计:需要嵌套循环,外层控制轮次,以 i 来表示轮次,i 从 1 开始到 N－1 结束。内层循环先将 a[i]与 a[i－1]比较,如果 a[i]小,那么 a[i]位置不变,否则先将 a[i]保存到 r 中,然后循环变量 j 从 i－1 开始向前扫描数组元素,将比 r 小的元素则向后移动一个位置,循环结束后 j＋1 就是 r 需要插入的位置,算法流程图如图 4-14 所示。

(3) 函数设计:函数名为 SortC,函数参数为一维整型数组,返回值类型为 void。

(4) 函数调用:在主函数中,调用 SortC,使用插入排序完成从高分到低分排序的任务。

代码实现:

```
void SortC(int cSocre[N])
{
  int i , j , r;
```

```
    for(i = 1; i < N ; i++)
    {
        if(cSocre[i] > cSocre[i - 1])
        {
            r = cSocre[i];
            for(j = i - 1; cSocre[j]< r && j >= 0 ; j -- )
            {
                cSocre[j + 1] = cSocre[j];
            }
            cSocre[j + 1] = r;
        }
    }
}
void main()
{
    int score[N];
    ...
        case 7:
            //调用插入排序函数
            SortC(score);
            ListScore (score);
            break;
    ...
}
```

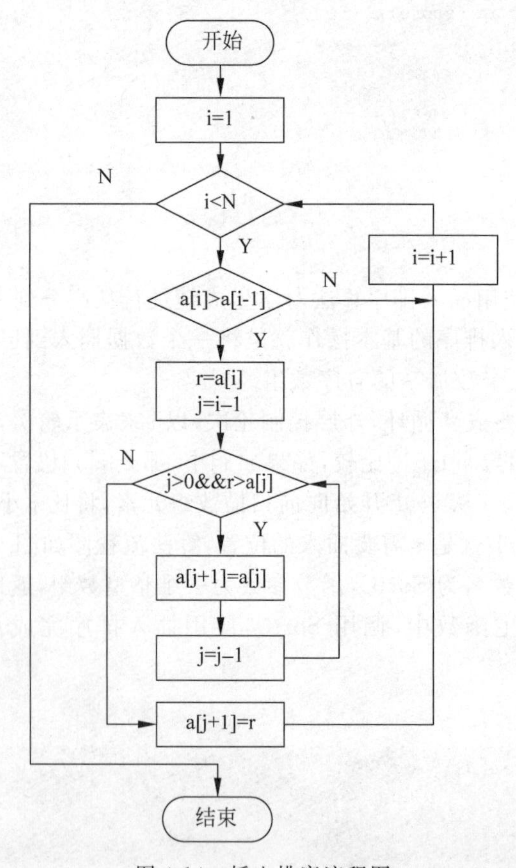


图 4-14 插入排序流程图

# 任务 4-4：学生成绩查询

## 任务描述与分析

每个项目组完成了实现管理员子菜单中的班级成绩添加、浏览、成绩排序等功能。接下来，要实现学生子菜单中查询指定成绩的功能。因此，周老师要求每个项目组实现学生子菜单中的查询指定成绩的功能，即输入某个学生的成绩，可以查询到该成绩对应的学生的学号。

任务实现效果如图 4-15 所示。系统运行时，首先进入主菜单，然后选择 2 以学生身份进入学生子菜单。选择 1，实现查询指定成绩功能，输入某个同学的 C 语言成绩，输出该 C 语言成绩对应的学生的学号。

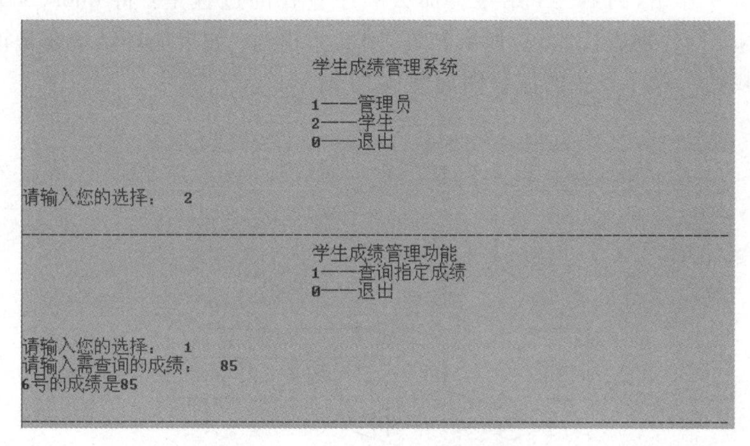


图 4-15　查询指定成绩实现效果

要完成这个任务，周老师要给项目组的同学们分析一下需要掌握哪些知识与技能。

首先，30 名同学的成绩已存放在一个长度为 30 的一维整型数组中。那么要实现查找某成绩对应的学生学号，有两种方法可以实现。第一种方法：可以利用循环将存放 30 个同学 C 语言成绩的数组遍历一遍，每访问到一个成绩，将该成绩与需查找的成绩比较，如果相等，则表示找到该成绩，退出循环；否则就是没找到该成绩，这就是顺序查找法。第二种方法：可以先将存放 30 名同学 C 语言成绩的一维数组有高分到地低分排好序，有一种情况可以直接判断找不到，即所需找的成绩大于最高分或小于最低分。如果不是这种情况，首先可以定义三个指针：头指针、中指针和尾指针。将需要查找的成绩与数组的中间位置的成绩比较，如果被查成绩大，则将头指针移到目前中指针，向后折半，继续将查找成绩与目前头指针与尾指针的中间位置的成绩比较，如此循环查找下去；如果被查成绩小，则将尾指针移到目前中指针，向前折半，继续将查找成绩与目前头指针与尾指针的中间位置的成绩比较，如此循环查找下去；如果被查数与中指针相等，则找到；如果找不到，则头指针会到尾指针的后面，所以循环的条件是头小于或等于尾。

然后，与前面的任务一样，采用应用广泛的模块化程序设计思路，周老师要求采用用户自定义函数的方法来实现这个功能。本任务需要用两种方法来实现。

## 相关知识与技能

### 4-4-1 顺序查找算法

1. 算法思想

利用循环将数组中的数遍历一遍，每访问到一个数，将该数与需查找的数比较，如果相等，则退出循环。判断此时的下标是否小于N，若小于，说明找到该数，输出该数对应的下标及该数；若大于等于，说明未找到该数。

2. 算法设计

顺序查找需要循环来遍历数组中的每一个数。数组中有N个数，以i来表示比较元素的下标，i从0开始，到N－1结束。那么顺序查找的过程是：将queryScore与a[0]、a[1]、…、a[N－1]分别进行比较，如果相等，则已经找到；如果循环结束还是没有相等的，那么就是没找到。顺序查找的流程图如图4-16所示。

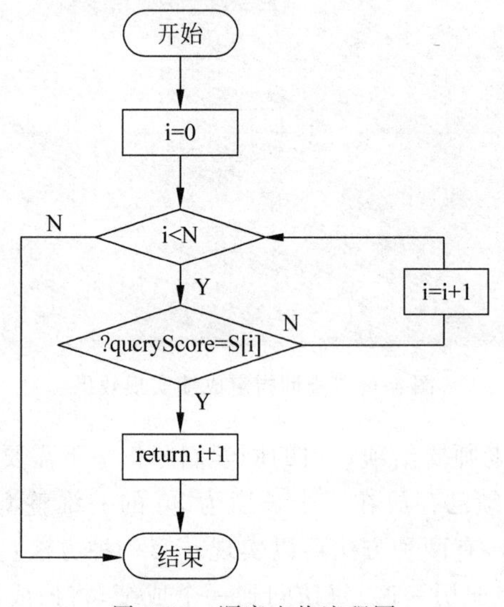


图4-16　顺序查找流程图

### 4-4-2 折半查找算法(适用于已经排好序的数组)

1. 算法思想

折半查找法首先必须保证数组已是排好序的，其次将需要查找的数与中指针比较，如果被查数大，则将头指针移到目前中指针，向后折半，继续循环；如果被查数小，则将尾指针移到目前中指针，向前折半，继续循环；如果被查数与中指针相等，则找到，输出并跳出循环；如果找不到，则头会到尾的后面，所以循环的条件是头小于或等于尾。

2. 算法设计

首先将头指针 top 指向数组的第 0 个元素，即“top＝0；”。语句“bott＝N－1；”将尾指针指向数组的最后一个元素。语句“mid＝(top＋bott)/2；”再将中指针 mid 指向数组的中间一个元素。再将是否找到标记 flag 置为－1，默认表示没找到。其次将 mid 指向的数组元素与 queryScore 比较，如果相等，则已找到，将 flag 的值设为 mid＋1 并返回；如果大于 mid 指向的数组元素，由于数组是排好序的(假设已降序排好)，那么要查找的数的位置肯定在 top 到 mid－1 范围之间，所以将 bott 置为 mid－1，然后针对新的 top 和 bott 范围继续用折半查找法查找，直至 top 大于 bott 循环结束；如果小于 mid 指向的数组元素，那么要查找的数的位置肯定在 mid＋1 到 bott 范围之间，所以将 topt 置为 mid＋1，然后针对新的 top 和 bott 范围继续用折半查找法查找，直至 top 大于 bott 循环结束。

折半查找的流程图如图 4-17 所示。

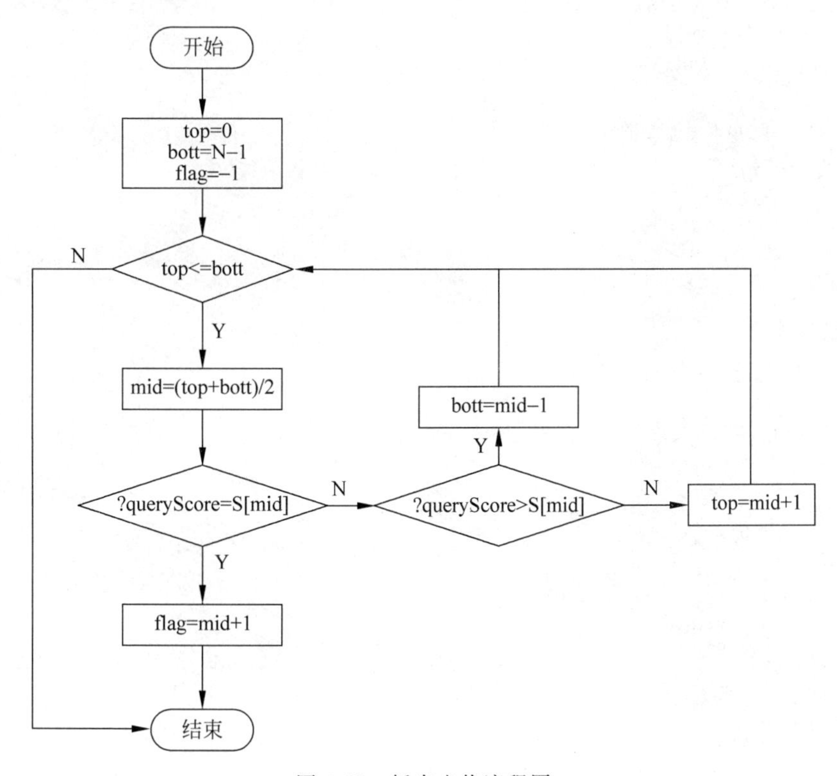


图 4-17　折半查找流程图

## 任务实施

通过以上知识与技能的学习，项目组就可以实施学生成绩查找的任务了。利用函数实现成绩的查找。设计函数 SearchByScore 查找学生成绩，并在 main 函数的学生子菜单的查询指定成绩的分支中，调用 SearchByScore 函数，完成任务。

1. 顺序查找：SearchByScore 函数的设计和调用

此函数，要实现在整个班级C语言课程成绩中查找某个成绩。因此，此函数需要的形参是数组与一个变量。由于主函数中要判断是否找到该数，所以在 SearchByScore 中设置若找到该数，则返回该数对应的下标＋1，即该查找成绩对应的学生学号，否则返回－1，因此该函数的返回类型是 int。

**【函数设计】**

(1) 函数名：SearchByScore。

(2) 形参：1个整形数组，长度为N；一个整形变量。

(3) 返回类型：int。

(4) 函数原型：

```
函数返回类型函数名(整型形参数组名[N],整形变量名)
{
    for(i=0;i<N;i++)
    {
        if(元素==变量)
            return i+1;
    }
            return -1;
}
```

**【函数实现】**

函数体中需要一个循环变量 i。

```
int SearchByScore(int s[],int queryScore)
{
    int i;
    for(i=0;i<N;i++)
    {
        if(s[i]==queryScore)
            return i+1;
    }
    return -1;
}
```

**【函数调用】**

在主函数的学生子菜单的成绩查找分支内，以函数名(实参数组名)调用函数。

```
void main()
{
    int score[N];
    …
        case 1:
            f=SearchByScore(score,queryScore);
            if(f==-1)
```

```
                printf("\n 无此成绩,请重新查询!\n");
            else
                printf(" % d 号的成绩是 % d\n",f,queryScore);
            break;
    …
}
```

运行分析：返回值大于0,找到该成绩,否则没找到。

2. 折半查找：SearchByScore 函数的设计和调用

此函数要实现在整个班级C语言课程成绩中查找某个成绩。因此,此函数需要的形参是数组与一个变量。由于主函数中要判断是否找到该数,所以在 SearchByScore 中设置若找到该数,则返回该数对应的下标+1,即该查找成绩对应的学生学号,否则返回−1,因此该函数的返回类型是 int。

**【函数设计】**

(1) 函数名：SearchByScore。

(2) 形参：一个整形数组,长度为 N,一个整形变量。

(3) 返回类型：int。

(4) 函数原型：

```
函数返回类型函数名(整型形参数组名[N],整形变量名)
{
    头指针 = 0;
    尾指针 = N - 1;
    if(变量大于尾指针且小于头指针)
    {
        while(头指针小于等于尾指针)
        {
            if(变量 == 中指针)
            {
                结束标记 = 中指针 + 1;
                break;
            }
            else if(变量>中指针对应的数)
                尾指针 = 中指针 - 1;
            else
                头指针 = 中指针 + 1;
        }
    }
}
```

**【函数实现】**

函数体中需要1个循环变量 i,头指针 top,尾指针 bott,中指针 mid,是否找到标记 flag。

```
void SearchByScore (int s[])
{
    int top,bott,mid,flag = -1;
    top = 0;
    bott = N - 1;
    if(queryScore >= s[N - 1]&&queryScore <= s[0])
    {
        while(top <= bott)
        {
            mid = (top + bott)/2;
            if(queryScore == s[mid])
            {
                flag = mid + 1;
                break;
            }
            else if(queryScore > s[mid])
                bott = mid - 1;
            else
                top = mid + 1;
        }
    }
    return flag;
}
```

**【函数调用】**

在主函数中，定义一个同长度为 N 的实参数组，作为实参，在管理员子菜单的成绩浏览分支内，以函数名(实参数组名)调用函数。

```
void main()
{
    int score[N];
    …
        case 1:
            f = SearchByScore(score,queryScore);
            if(f == -1)
                printf("\n 无此成绩,请重新查询!\n");
            else
                printf(" %d 号的成绩是 %d\n",f,queryScore);
            break;
    …
}
```

运行分析：返回值大于 0，找到该成绩，否则没找到。

## 任务拓展

将 30 名同学分成 5 个项目组，每个项目组有 6 名同学。将 30 名同学的成绩已存放在一个 5 行 6 列的二维整型数组中，试查找全班 C 语言成绩的最高分是哪个项目组的几号同学的成绩。

(1) 确定变量的类型：5个int型变量；

(2) 确定算法：先定义行循环变量i，列循环变量j，行下标row，列下标col，最大值变量max，max初始化为s[0][0]。然后利用for循环，外层循环从0行遍历到M－1，内层循环从0列遍历到N－1，将遍历的元素与当前的最大值比较，若大于当前最大值，将当前的行下标保存的row中，将当前的列下标保存的col中。

代码实现：

```
#define M 5
#define N 6
void main()
{
    int s[M][N],i,j,row,col,max;
    for(i=0;i<M;i++)
        for(j=0;j<N;j++)
            scanf("%d", &s[i][j]);
    max=s[0][0]; row=0; col=0;
    for(i=0;i<M;i++)
    {
        for(j=0;j<N;j++)
        {
            if(s[i][j]>max)
            {
                max=a[i][j];
                row=i;col=j;
            }
        }
    }
    printf("C成绩的最高分是第%d组的%d号同学\n" , row+1 ,col+1);
}
```

# 模 块 总 结

本模块主要完成了"学生成绩管理系统"中成绩管理部分的各项功能。包括管理员角色：成绩添加和浏览、成绩统计、成绩排序等功能；学生角色：成绩查询功能。而在实施这些任务时，这些功能代码被封装成一个一个的函数，放在程序中，然后通过在主函数(main函数)中的菜单中依次调用这些函数来实现各个功能。这就是模块化的编程思路，也是今后软件开发中常用的编程方法。

在任务实施的过程中，还学习到了C语言的一些基本知识和语法，具体如下。

(1) 一维数组：一维数组是相同类型数据的有序集合。通过数组的下标来访问数组的元素。值得注意的是数组的下标是从0开始。数组经常用来存储多个同类型的数据。这里，可以用数组来存储班级所有同学的成绩。

(2) for 语句：for 语句是循环语句的一种。与上一模块学过的 while 和 do...while 循环不同，for 循环经常被用于循环次数固定或已知的情况。在本模块各个任务的实施中，用 for 语句循环遍历数组元素，对成绩进行读取、统计、排序等操作。

(3) 函数：函数分为系统提供的库函数和自定义函数。例如 printf 和 scanf 输入输出函数就是系统提供的库函数，存放对应的头文件 stdio. h 里。用到的时候必须在程序的开头加上＃include＜stdio. h＞，才能引用该头文件里的库函数。而自定义的函数就是用户自己根据需要来封装代码，设计自己需要的功能函数。函数设计好了以后，必须经过调用才能运行。函数是 C 语言程序设计中程序的基本单位，即程序是由函数组成的。程序有且仅有一个 main 函数，也就是主函数，还可以包含多个子函数。在本模块各个任务的实施中，就是将特定的功能封装设计成一个一个子函数，然后在 main 函数中进行调用运行。

(4) 二维数组：在任务拓展中，学习了二维数组的相关知识。二维数组相对于一位数组，有两个维度，即二维数组元素的下标有两个，一个行下标，一个列下标。需要通过两重循环来遍历二位数组的元素。数据以矩阵的形式存放在二维数组中。二维数组可以用于二维数据排列的相关应用中。

## 作 业 习 题

1. 用“＊”组成任意大小的钻石图形。

**提示**：简单一点，打印 2 行的钻石，图形如图 4-18 所示。

只能按行打：第 1 行先打印 2－1 个空格，再打印 1 个＊，然后输出回车换行符。第 2 行打印 2－2 空格，再打印 3 个＊，然后输出回车换行符。下半图对称。

如果复杂一点，打印 3 行的钻石图形，图形如图 4-19 所示。

图 4-18 2 行钻石图形

图 4-19 3 行钻石图形

第 1 行先打印 3－1 个空格，再打印 1 个＊，然后按 Enter 键。第 2 行先打印 3－2 个空格，再打印 3 个＊，然后输出回车换行符。第 3 行先打印 3－3 个空格，再打印 5 个＊，然后输出回车换行符。下半图对称。

再复杂一点，以此类推。

2. 编程实现：输出九九乘法口诀表。这是一个双重循环解决的问题，只要用外循环来控制第一个乘数的变化，内循环来控制第二个乘数的变化即可。

# 项目重构1——结构体和指针

上一模块完成了“学生成绩管理系统”的学生成绩管理模块，可以添加学生成绩、浏览学生成绩、还可以对学生成绩进行统计查询和排序。本模块主要是使用结构体和指针对项目的数据结构和用户自定义函数进行重构，使代码更加简练、项目结构更加完善。

**【工作任务】**

(1) 任务5-1：项目结构体重构。

(2) 任务5-2：项目指针重构。

**【学习目标】**

(1) 掌握字符数组的定义和应用。

(2) 掌握结构体的概念和应用。

(3) 掌握指针的概念和应用。

(4) 掌握链表的概念、构建和相关操作。

## 任务5-1：项目结构体重构

### 任务描述与分析

在前面的模块任务中，学生成绩是保存在一维整型数组中的。事实上，对于成绩管理系统来讲，除了成绩之外，学生的信息还包括学号和姓名这些基本数据：姓名为字符串，学号也是字符串，成绩可为整型或实型。显然不能用一个数组来存放这一组数据。因为数组中各元素的类型和长度都必须一致，以便于编译系统处理。为了解决这个问题，周老师给各项目小组介绍了一个新的数据类型——结构体，并要求各项目小组使用结构体来重构“学生成绩管理系统”。

任务实现效果如图5-1和图5-2所示。系统运行时首先进入主菜单，然后选择1以管理员身份进入管理员子菜单。选择1，实现班级成绩添加功能，此时会询问是否要添加学生成绩，输入Y，接着输入学生学号、姓名、成绩等信息。如要继续添加学生成绩则输入Y，否则输入N，退回到管理员子菜单。选择2，输出班级成绩信息，选择其他子菜单还可以进行成绩统计、排序、查找等操作。

```
                    学生成绩管理系统

                    1——管理员
                    2——学生
                    0——退出

请输入您的选择： 1
------------------------------------------------------------
            管理员成绩管理功能

                    1——班级成绩添加
                    2——班级成绩浏览
                    3——最高分
                    4——最低分
                    5——平均分
                    6——及格率
                    7——各分数段所占比率
                    8——成绩排序
                    0——退出

请输入您的选择： 1
do you want to input student's info:(Y/N) Y
please input stuid:   12080101
please input stuname:   李萍
please input cScore:   80
do you want to input student's info:(Y/N) Y
please input stuid:   12080102
please input stuname:   王丽丽
please input cScore:   86
do you want to input student's info:(Y/N) Y
please input stuid:   12080103
please input stuname:   吴婷
please input cScore:   90
do you want to input student's info:(Y/N) N
```

图 5-1　班级成绩添加实现效果

```
            管理员成绩管理功能

                    1——班级成绩添加
                    2——班级成绩浏览
                    3——最高分
                    4——最低分
                    5——平均分
                    6——及格率
                    7——各分数段所占比率
                    8——成绩排序
                    0——退出

请输入您的选择： 2
stuid:  12080101李萍
stuname:  李萍
cScore: 80

stuid:  12080102王丽丽
stuname:  王丽丽
cScore: 86

stuid:  12080103吴婷
stuname:  吴婷
cScore: 90
```

图 5-2　班级成绩浏览效果实现

为了完成这个任务，周老师要给项目组的同学们分析一下需要掌握哪些知识。首先要确定数据结构来保存班级 30 名同学的成绩信息。因为一个学生的成绩信息包含了学号、姓名、成绩等三种不同数据类型的数据，因此可以使用 C 语言的结构体来保存一个学生成绩信息。那么 30 名同学的成绩，必须使用结构体数组。另外学生的学号、姓名是字符串，而在C语言中是没有字符串类型的，但可以通过字符数组的来存储字符串。通过以上的分析，要完成这个重构任务，需要掌握字符数组、结构体等相关知识。

## 相关知识与技能

### 5-1-1　字符数组

1. 字符数组的定义和初始化

字符数组的定义和整型数组的定义一样，格式如下。

```
char 字符数组名[数组长度];
```

例如：

```
char c[10];
```

该语句定义了一个字符数组c，共有10个字符，每个字符1个字节，也就是说数组c共占内存10个字节。字符数组也允许在定义时作初始化赋值。

例如：

```
char c[10] = {'c', '','p','r', 'o','g','r','a','m'};
```

用该语句赋值后各元素的值如下。

c[0]的值为'c'；

c[1]的值为''；

c[2]的值为'p'；

c[3]的值为'r'；

c[4]的值为'o'；

c[5]的值为'g'；

c[6]的值为'r'；

c[7]的值为'a'；

c[8]的值为'm'。

其中，c[9]未赋值，由系统自动赋予0值。当对全体元素赋初值时也可以省去长度说明。

例如：

```
char c[] = {'c',',','p','r','o','g','r','a','m'};               //数组c的长度自动定为9
```

2. 字符串和字符串结束标志

在C语言中没有专门的字符串变量，通常用一个字符数组来存放一个字符串。前面介绍字符串常量时，已说明字符串总是以'\0'作为串的结束符。因此当把一个字符串存入一个数组时，也把结束符'\0'存入数组，并以此作为该字符串是否结束的标志。有了'\0'

标志后，就不必再用字符数组的长度来判断字符串的长度了。

C 语言允许用字符串的方式对数组作初始化赋值。

例如：

```
char c[] = {'C','','p','r','o','g','r','a','m','\0'};
```

可写为：

```
char c[] = {"C program"};
```

或去掉{}写为：

```
char c[] = "C program";
```

用字符串方式赋值自动会加一个字符串结束标志'\0'。上面的数组 c 在内存中的实际存放情况为如下。

| C | | p | r | o | g | r | a | m | \0 |
|---|---|---|---|---|---|---|---|---|---|

'\0'是由 C 编译系统自动加上的。由于采用了'\0'标志，所以在用字符串赋初值时一般无须指定数组的长度，而由系统自行处理。

3. 字符数组的输入输出

在采用字符串方式后，字符数组的输入输出将变得简单方便。除了上述用字符串赋初值的办法外，还可用 printf 函数和 scanf 函数一次性输出输入一个字符数组中的字符串，而不必使用循环语句逐个地输入输出每个字符。

```
void main()
{
    char c[] = "BASIC\ndBASE";
    printf("%s\n",c);
}
```

注意在上面的 printf 函数中，使用的格式字符串为%s，表示输出的是一个字符串。而在输出表列中给出数组名则可。不能写为“printf("%s",c[]);”。

```
void main()
{
    char st[15];
    printf("input string:\n");
    scanf("%s",st);
    printf("%s\n",st);
}
```

本例中由于定义数组长度为 15，因此输入的字符串长度必须小于 15，以留出一个字节用于存放字符串结束标志'\0'。应该说明的是，对一个字符数组，如果不作初始化赋值，则必须说明数组长度。还应该特别注意的是，当用 scanf 函数输入字符串时，字符串中不能含有空格，否则将以空格作为串的结束符。

例如，当输入的字符串中含有空格时，如输入字符串为“this is a book”，则输出为“this”。

4．字符串处理函数

C语言提供了丰富的字符串处理函数，大致可分为字符串的输入、输出、合并、修改、比较、转换、复制、搜索几类。使用这些函数可大大减轻编程的负担。用于输入输出的字符串函数，在使用前应包含头文件 stdio. h，使用其他字符串函数则应包含头文件 string. h。下面介绍几个最常用的字符串函数。

(1) 字符串输出函数 puts

格式：puts(字符数组名)。

功能：把字符数组中的字符串输出到显示器，即在屏幕上显示该字符串。

```
#include "stdio.h"
void main()
{
    char c[] = "BASIC\ndBASE";
    puts(c);
}
```

从程序中可以看出 puts 函数中可以使用转义字符，因此输出结果成为两行。puts 函数完全可以由 printf 函数取代。当需要按一定格式输出时，通常使用 printf 函数。

(2) 字符串输入函数 gets

格式：gets(字符数组名)。

功能：从标准输入设备键盘上输入一个字符串。

```
#include "stdio.h"
void main()
{
    char st[15];
    printf("input string:\n");
    gets(st);
    puts(st);
}
```

可以看出，当输入的字符串中含有空格时，输出仍为全部字符串。说明 gets 函数并不以空格作为字符串输入结束的标志，而只以回车作为输入结束。这是与 scanf 函数不同的。

(3) 字符串连接函数 strcat

格式：strcat(字符数组名 1，字符数组名 2)。

功能：把字符数组 2 中的字符串连接到字符数组 1 中字符串的后面，并删去字符串 1 后的串标志\0。本函数返回值是字符数组 1 的首地址。

```
#include "string.h"
void main()
{
    static char st1[30] = "My name is ";
```

```
    int st2[10];
    printf("input your name:\n");
    gets(st2);
    strcat(st1,st2);
    puts(st1);
}
```

本程序把 st1 和 st2 连接起来。要注意的是,字符数组 st1 应定义足够的长度,否则不能全部装入被连接的字符串。如果键盘输入字符串 li ping,那么最终输出结果为"My name is li ping"。

(4) 字符串复制函数 strcpy

格式:strcpy(字符数组名 1,字符数组名 2)。

功能:把字符数组 2 中的字符串复制到字符数组 1 中。串结束标志\0 也一同复制。字符数名 2,也可以是一个字符串常量。这时相当于把一个字符串赋予一个字符数组。

```
#include "string.h"
void main()
{
    char st1[15],st2[] = "C Language";
    strcpy(st1,st2);
    puts(st1);
    printf("\n");
}
```

本函数要求字符数组 st1 应有足够的长度,否则不能全部装入所复制的字符串。本例最终 st1 和 st2 字符串一样,都是"C Language"。

(5) 字符串比较函数 strcmp

格式:strcmp(字符数组名 1,字符数组名 2)。

功能:按照 ASCII 码顺序比较两个数组中的字符串,并由函数返回值返回比较结果。

字符串 1=字符串 2,返回值=0;字符串 1>字符串 2,返回值>0;字符串 1<字符串 2,返回值<0。

本函数也可用于比较两个字符串常量,或比较数组和字符串常量。

```
#include "string.h"
void main()
{
    int k;
    static char st1[15],st2[] = "C Language";
    printf("input a string:\n");
    gets(st1);
    k = strcmp(st1,st2);
    if(k == 0) printf("st1 = st2\n");
    if(k > 0) printf("st1 > st2\n");
    if(k < 0) printf("st1 < st2\n");
}
```

本例把输入的字符串和数组 st2 中的串比较，比较结果返回到 k 中，根据 k 值再输出结果提示串。当输入为 dbase 时，由 ASCII 码可知 dBASE 大于 C Language，故 k>0，输出结果 st1>st2。

（6）测字符串长度函数 strlen

格式：strlen(字符数组名)。

功能：测字符串的实际长度(不含字符串结束标志\0)并作为函数返回值。

```
#include "string.h"
void main()
{
    int k;
    static char st[] = "C language";
    k = strlen(st);
    printf("The lenth of the string is %d\n",k);
}
```

本例输出结果为：The lenth of the string is 10。注意其中一个空格也是一个有效字符，要计算在内。

### 5-1-2　结构体

结构体是一种构造类型，它是由若干成员组成的。每一个成员可以是一个基本数据类型或者又是一个构造类型。结构既然是一种构造而成的数据类型，那么在说明和使用之前必须先定义它，也就是构造它。如同在说明和调用函数之前要先定义函数一样。

1. 结构体的定义

定义一个结构的一般形式如下。

```
struct 结构名
{成员列表};
```

成员列表由若干个成员组成，每个成员都是该结构的一个组成部分。对每个成员也必须作类型说明，其形式如下。

```
类型说明符 成员名;
```

成员名的命名应符合标识符的书写规定。例如：

```
struct stu
{
    char name[20];
    char sex;
    int age;
};
```

在这个结构定义中，结构名为 stu，该结构由 3 个成员组成。第一个成员为 name，字符数组；第二个成员为 sex，字符变量；第三个成员为 age，整型变量。应注意在括号后的分号是不可少的。结构定义之后，即可进行变量说明。凡说明为结构 stu 的变量都由上述 3 个成员组成。由此可见，结构是一种复杂的数据类型，是数目固定，类型不同的若干有序变量的集合。

2. 结构体变量

结构体变量在使用之前必须要声明，声明结构体变量的语法格式如下。

```
struct 结构体变量名;
```

例如，语句“struct stu boy1 , boy2;”说明了两个变量 boy1 和 boy2，它们是为 stu 结构体。

还可以在定义结构体的同时声明结构体变量，语法格式如下。

```
struct stu
{
    char name[20];
    char sex;
    int age;
} boy1,boy2;
```

以上声明的 boy1、boy2 变量都具有如下所示的结构。

| name | sex | age |
|---|---|---|

在程序中使用结构变量时，往往不把它作为一个整体来使用。一般对结构变量的使用，包括赋值、输入、输出、运算等都是通过结构变量的成员来实现的。

引用结构体变量成员需要使用运算符“.”，表示结构变量成员的一般形式如下。

```
结构体变量名.成员名
```

例如：

```
boy1.name              //即第一个人的姓名
boy2.sex               //即第二个人的性别
```

结构变量的赋值就是给各成员赋值。可用输入语句或赋值语句来完成，示例如下。

```
strcpy(boy2.name,"zhang ping");
boy2.sex = 'M';
boy2.age = 20;
```

和其他类型变量一样，对结构变量可以在定义时进行初始化赋值。

```
struct  stu  boy1,boy2 = {"zhang ping",'M',20};
```

3. 结构体数组

数组的元素也可以是结构体类型的。因此可以构成结构体型数组。结构体数组的每一个元素都是具有相同结构体类型的结构变量。在实际应用中，经常用结构体数组来表示具有相同数据结构的一个群体。

定义结构体数组方法和结构体变量相似，只须说明它为数组类型即可。

例如：

```
struct stu boy[5];
```

该语句定义了一个结构体数组 boy，共有 5 个元素，boy[0]～boy[4]。每个数组元素都具有 struct stu 的结构体形式。对结构体数组可以作初始化赋值。

例如：

```
struct stu
{
    char name[20];
    char sex;
    int score;
}boy[5] = {
            {"Li ping",'M',45},
            {"Zhang ping",'M',62},
            {"He fang",'F',92},
            {"Cheng ling",'F',87},
            {"Wang ming",'M',58}
        };
```

下面的代码求 boy[0]～boy[4]5 个元素的 sorce 之和。

```
void main()
{
    int i,s = 0;
    for(i = 0;i<5;i++)
    {
        s += boy[i].score;
    }
    printf("s = %d\n",s);
}
```

## 任务实施

通过以上知识的学习，项目组就可以使用结构体来重构“学生成绩管理系统”了。

(1) 重新设计项目数据结构。

(2) 重构函数 AddScore 添加学生成绩，将学生成绩信息保存在结构体数组中。

(3) 重构函数 ListScore 浏览学生成绩。

(4) 重构 MaxScore、MinScore、AvgScore、PassRate 等函数完成学生成绩统计。

(5) 重构冒泡排序函数 SortScore 完成学生成绩排序。

(6) 重构 SegScore 函数完成学生成绩分段统计。

(7) 设计函数 SearchStuById 根据学号查询学生的成绩,并在 main 函数中调用完成成绩查询任务。

(8) 设计函数 SearchStuByName 根据姓名查询学生的成绩,并在 main 函数中调用完成成绩查询任务。

1. 重新设计项目数据结构

"学生成绩管理系统"中的学生成绩信息包含学号、姓名、成绩三个数据。

(1) 定义学生成绩结构体,结构体定义如下。

```
struct STU
{
    char stuId[8];
    char stuName[20];
    int cScore;
};
```

(2) main 函数中定义结构体数组用来保存班级所有学生成绩信息。

```
structSTU stuInfo[N];
```

2. 重构函数 AddScore 添加学生成绩

此函数循环执行,在录入学生成绩信息之前询问用户,如果用户输入 Y,则录入学号、姓名、成绩三个数据。如果用户输入 N,则退出循环,结束添加学生成绩。

**【函数设计】**

(1) 函数名:AddScore。

(2) 函数参数:一个 STU 结构体数组。

(3) 返回类型:void。

(4) 函数原型:

```
返回值类型 函数名(STU 形参数组名[])
{
    int flag = 1;
    while(flag)
    {
    …
    }
}
```

**【函数实现】**

```
void AddScore(STU s[])
{
    char ss;
    int flag = 1;
    while(flag)
    {
        printf("do you want to input student's info:(Y/N)\n ");
```

```
        scanf(" %c",&ss);
        if(ss == 'y' || ss == 'Y')
        {
            printf("please input stuid: \n ");
            scanf(" %s",s[length].stuId);
            printf("please input stuname: \n ");
            scanf(" %s",s[length].stuName);
            printf("please input cScore:\n     ");
            scanf(" %d",&s[length].cScore);
            length++;
        }
        else
            flag = 0;
    }
}
```

【函数调用】

```
void main()
{
    struct STU stuInfo[N];
    …
        case 1:
            AddScore(stuInfo);break;
    …
}
```

3. 重构函数 ListScore 浏览学生成绩

【函数设计】

(1) 函数名：ListScore。

(2) 函数参数：一个 STU 结构体数组。

(3) 返回类型：void。

(4) 函数原型：

```
返回值类型 函数名(STU 形参数组名[])
{
    int i;
    for(i = 0; i < length;i++)
    {
        …
    }
}
```

【函数实现】

```
void ListScore(STU s[])
{
    int i;
    for(i = 0;i < length;i++)
```

```
    {
        printf("stuid: %s\n",s[i].stuId);
        printf("stuname: %s\n",s[i].stuName);
        printf("cScore: %d\n",s[i].cScore);
        printf("\n");
    }
}
```

【函数调用】

```
void main()
{
    struct STU stuInfo[N];
    …
        case 2:
            ListScore(stuInfo);break;
    …
}
```

4. 重构 MaxScore、MinScore、AvgScore、PassRate 等函数完成学生成绩统计

【函数设计】

(1) 函数名：MaxScore、MinScore、AvgScore、PassRate。

(2) 函数参数：一个 STU 结构体数组。

(3) 返回类型：最高分、最低分为 int，平均分、及格率为 double。

(4) 函数原型：

```
返回值类型 函数名(STU 形参数组名[ ] )
{
    int i;
    for(i = 0; i < length;i++)
    {
        …
    }
}
```

【函数实现】

```
int MaxScore(STU s[])
{
    int max = 0,i;
    for(i = 0;i < length;i++)
    {
        if(s[i].cScore > max)
            max = s[i].cScore;
    }
    return max;
}

int MinScore(STU s[])
{
```

```
    int min = 100, i;
    for(i = 0; i < length; i++)
    {
        if(s[i].cScore < min)
            min = s[i].cScore;
    }
    return min;
}

double AvgScore(STU s[])
{
    int sum = 0, i;
    double avg;
    for(i = 0; i < length; i++)
    {
        sum += s[i].cScore;
    }
    avg = sum * 1.0/length;
    return avg;
}

double PassRate(STU s[])
{
    int i, num = 0;
    for(i = 0; i < length; i++)
        if(s[i].cScore >= 60)
            num++;
    return num * 1.0/length;
}
```

**【函数调用】**

```
void main()
{
    struct STU stuInfo[N];
    …
        case 3:
            printf("\n max = %d\n", MaxScore(stuInfo));
            break;
        case 4:
            printf("\n min = %d\n", MinScore(stuInfo));
            break;
        case 5:
            printf("\n average = %f\n", AvgScore(stuInfo));
            break;
        case 6:
            printf("\n passRate = %f\n", PassRate(stuInfo));
        break;
    …
}
```

5. 重构冒泡排序函数 SortScore 完成学生成绩排序

**【函数设计】**

(1) 函数名：SortScore。

（2）函数参数：一个 STU 结构体数组。

（3）返回类型：void。

（4）函数原型：

```
返回值类型 函数名(STU 形参数组名[] )
{
    int i, j;
    for(i = 1; i < length;i++)
    {
        for(j = 0;j < length - i;j++)
            …
    }
}
```

**【函数实现】**

```
void SortScore(STU s[])
{
    int i,j,temp;
    char t[20];
    for(i = 1;i < length;i++)
        for(j = 0;j < length - i;j++)
            if(s[j].cScore < s[j + 1].cScore)
            {
                temp = s[j].cScore;
                s[j].cScore = s[j + 1].cScore;
                s[j + 1].cScore = temp;
                strcpy(t,s[j].stuId);
                strcpy(s[j].stuId,s[j + 1].stuId);
                strcpy(s[j + 1].stuId,t);
                strcpy(t,s[j].stuName);
                strcpy(s[j].stuName,s[j + 1].stuName);
                strcpy(s[j + 1].stuName,t);
            }
    for(i = 0;i < length;i++)
        printf(" %s-- %d\n",s[i].stuId,s[i].cScore);
}
```

**【函数调用】**

```
void main()
{
    struct STU stuInfo[N];
    …
        case 8:
              SortScore(stuInfo);
              ListScore(stuInfo);
              break;
    …
}
```

6. 重构函数 SegScore 完成学生成绩分段统计

该函数完成学生成绩分段统计，将每个分数段学生人数的结果保存在一个整型数组中。因此函数中要定义一个整型数组，长度为 11。

**【函数设计】**

(1) 函数名：SegScore。

(2) 函数参数：一个 STU 结构体数组。

(3) 返回类型：void。

(4) 函数原型：

```
返回值类型 函数名(STU 形参数组名[ ] )
{
    int i;
    for(i = 1; i < length;i++)
    {
        …
    }
}
```

**【函数实现】**

```
void SegScore(STU s[ ])
{
    int g[11] = {0},i;
    for(i = 0;i < length;i++)
        switch(s[i].cScore/10)
        {
            case 10:g[10]++;break;
            case 9:g[9]++;break;
            case 8:g[8]++;break;
            case 7:g[7]++;break;
            case 6:g[6]++;break;
            case 5:g[5]++;break;
            case 4:g[4]++;break;
            case 3:g[3]++;break;
            case 2:g[2]++;break;
            case 1:g[1]++;break;
            case 0:g[0]++;break;
        }
    for(i = 0;i < 11;i++)
        printf("seg rate %d-- %d: is %f% %\n",i * 10,i * 10 + 9,g[i] * 1.0/length * 100);
}
```

**【函数调用】**

```
void main()
{
```

```
    struct STU stuInfo[N];
    …
        case 7:
            SegScore(stuInfo);break;
    …
}
```

7. 设计函数 SearchStuById 根据学号查询学生的成绩

该函数是新增的函数，根据学号查询学生的成绩，因此参数中需要传入要查询的学生学号，学号是一个字符串，使用字符数组类型。

**【函数设计】**

（1）函数名：SearchStuById。

（2）函数参数：一个 STU 结构体数组和一个字符数组。

（3）返回类型：void。

（4）函数原型：

```
返回值类型 函数名(STU 形参数组名[],char 字符数组名[])
{
    int i;
    for(i = 1; i < length;i++)
    {
        …
    }
}
```

**【函数实现】**

```
void SearchStuById(STU s[],char sId[])
{
    int i,index = -1;
    for(i = 0;i < length;i++)
    {
        if(strcmp(s[i].stuId,sId) == 0)
            index = i;
    }
    if(index == -1)
    {
        printf("对不起,该生不存在!\n");
    }
    else
    {
        printf("stuid: %s\n",s[index].stuId);
        printf("stuname: %s\n",s[index].stuName);
        printf("cScore: %d\n",s[index].cScore);
    }
}
```

【函数调用】

```
void main()
{
    struct STU stuInfo[N];
    char sId[8];
    …
        case 1:
              printf("请输入需查询的学号:     ");
              scanf("%s",sId);
              SearchStuById(stuInfo,sId);
              break;
    …
}
```

8. 设计函数 SearchStuByName 根据姓名号查询学生的成绩

该函数是新增的函数，根据姓名查询学生的成绩，因此参数中需要传入要查询的学生姓名，姓名是一个字符串，使用字符数组类型。

【函数设计】

(1) 函数名：SearchStuByName。

(2) 函数参数：一个 STU 结构体数组和一个字符数组。

(3) 返回类型：void。

(4) 函数原型：

```
返回值类型 函数名(STU 形参数组名[],char 字符数组名[])
{
    int i;
    for(i=1; i<length;i++)
    {
        …
    }
}
```

【函数实现】

```
void SearchStuByName(STU s[],char sName[])
{
    int i,index=-1;
    for(i=0;i<length;i++)
    {
        if(strcmp(s[i].stuName,sName)==0)
            index=i;
    }
    if(index==-1)
    {
        printf("对不起,该生不存在!\n");
```

```
    }
    else
    {
        printf("stuid: %s\n",s[index].stuId);
        printf("stuname: %s\n",s[index].stuName);
        printf("cScore: %d\n",s[index].cScore);
    }
}
```

【函数调用】

```
void main()
{
    struct STU stuInfo[N];
    char sId[8];
    …
        case 2:
              printf("请输入需查询的姓名:    ");
              scanf("%s",sId);
              SearchStuByName(stuInfo,sId);
              break;
    …
}
```

## 任务拓展

1. 任务拓展1

设计函数IsHuiWen判断一个字符串是否为回文,回文的标准为:从左边读与右边读结果一样,例“123321”这个字符串为回文,“ABCDCBA”也为回文。

IsHuiWen函数的设计和调用。

(1) 确定函数名:IsHuiWen。

(2) 确定函数参数类型和传值方式:字符数组,因此是地址传递。

(3) 确定函数返回值类型:int(为回文返回1,否则返回0)。

(4) 确定函数算法:定义两个变量i、j。i指向字符串第0个字符,j指向最后一个字符串。判断i和j所指向的字符是否相同,如果相同则i向后移动1个字符,j向前移动1个字符,当i<j时重复这个操作,最后返回1,表示该字符串是回文;如果不相同,则返回0,表示不是回文。

(5) 确定函数调用:在主函数中调用,输入一个字符串,调用IsHuiWen函数,若是回文则输出“该字符串是回文”,否则输出“该字符串不是回文”。

代码实现:

```
#include <stdio.h>
#include <string.h>
```

```
#define M 100
int IsHuiWen(char s[M])
{
    int i,j,flag=1;
    i=0;
    j=strlen(s)-1;
    while(i<j)
    {
        if(s[i]!=s[j])
        {
            flag=0;
            break;
        }
        i++;
        j--;
    }
    return flag;
}
void main()
{
    char s[M];
    gets(s);
    if(IsHuiWen(s))
    {
        printf("该字符串是回文");
    }
    else
    {
        printf("该字符串不是回文");
    }
}
```

2. 任务拓展2

设计函数StrCat将两个字符串进行连接。如字符串1为"Hello",字符串2为"World",则连接后的字符串为"Hello World"。

StrCat函数的设计和调用。

(1) 确定函数名：StrCat。

(2) 确定函数参数类型和传值方式：字符数组1和字符数组2,因此是地址传递。

(3) 确定函数返回值类型：void,连接后的字符串保存在字符数组1中。

(4) 确定函数算法：使用两个变量i、j。i指向字符串1的结束位置,j指向字符串2的第0个字符,将字符串2的j位置上的字符赋值给字符串1的i位置字符,然后i和j都向后移动1个字符,循环这个操作,直到字符串2结束。最后字符串1要加上字符串结束标志'\0'。

(5) 确定函数调用：在主函数中调用,输入两个字符串,调用StrCat函数,输出连接后的字符串。

代码实现：

```
#include <stdio.h>
#include <string.h>
#define M 100
void StrCat(char s1[M],char s2[M])
{
    int i,j;
    i = strlen(s1);
    j = 0;
    while(s2[j]!= '\0')
    {
        s1[i] = s2[j];
        i++;
        j++;
    }
    s1[i] = '\0';
}
void main()
{
     char s1[M],s2[M];
     gets(s1);
     gets(s2);
     StrCat(s1,s2);
     printf("%s\n",s1);
}
```

# 任务5-2：项目指针重构

## 任务描述与分析

在任务5-1中，把班级30名同学的成绩信息(包含姓名、学号、成绩)都保存在结构体数组中。通过任务实施发现，采用数组来保存数据的方式存在以下几个问题。

(1) 向数组中插入或删除一个元素时，该元素后面的所有元素都要向前或向后移动，即对数组元素的插入或删除操作将大大增加对内存的访问量，而且当某些数组元素的数据已经无用时，也不能及时释放空间。

(2) 用数组存放数据时，必须事先定义固定的数组长度。在"学生成绩管理系统"中，预先难以确定班级的学生人数，只能将数组定义得足够大，存在内存浪费现象。

为了解决这个问题，周老师给大家介绍了一种新的数据结构，那就是链表。如何才能熟练掌握链表呢？周老师告诉同学们，在学习链表的相关知识之前，还必须先要学习指针的相关概念。指针是C语言的精华，也是难点，熟练掌握指针的操作才能更好地学习链表。

# 相关知识与技能

## 5-2-1　指针

指针是C语言中广泛使用的一种数据类型。运用指针编程是C语言最主要的风格之一。指针极大地丰富了C语言的功能。学习指针是学习C语言中最重要的一环,能否正确理解和使用指针是是否掌握C语言的一个标志。

在计算机中,所有的数据都是存放在存储器中的。一般把存储器中的一个字节称为一个内存单元,对于一个内存单元来说,单元的地址即为指针,其中存放的数据才是该单元的内容。

1. 指针变量

用来存放指针的变量叫指针变量,指针变量的值就是某个内存单元的地址或称为某内存单元的指针。定义指针变量的一般形式如下。

```
类型说明符　*变量名;
```

例如:

```
int  *p1;
```

该语句定义了一个指针变量p1,它的值是某个整型变量的地址,或者说p1指向一个整型变量。

再如:

```
int *p2;                /*p2是指向整型变量的指针变量*/
float *p3;              /*p3是指向浮点变量的指针变量*/
char *p4;               /*p4是指向字符变量的指针变量*/
```

2. 指针变量的引用

指针变量同普通变量一样,使用之前不仅要定义说明,而且必须赋予具体的值。未经赋值的指针变量不能使用,指针变量的赋值只能赋予地址。在C语言中,变量的地址是由编译系统分配的,对用户完全透明,用户不知道变量的具体地址。

下面介绍两个有关的运算符。

(1) &:取地址运算符。

(2) *:指针运算符(或称“间接访问”运算符)。

C语言中提供了地址运算符&来表示变量的地址。其一般形式如下。

```
&变量名;
```

例如,&a表示变量a的地址,&b表示变量b的地址。变量本身必须预先说明。

设有指向整型变量的指针变量 p1,p2,如要把整型变量 a 的地址赋予 p1,整型变量 b 的地址赋予 p2,则可以用以下语句。

```
int a = 5,b = 6;
int *p1 = &a, *p2 = &b;
```

此时指针变量 p1 指向变量 a,p2 指向变量 b,它们的关系可以用图 5-3 来形象描述。

可以通过指针变量来间接访问所指向的变量。要获得 p1 和 p2 所指向变量的值,只要使用运算符 *,如 *p1 的值就是 5,*p2 的值就是 6。

这时的赋值表达式如下。

```
*p1 = 8;
p2 = p1;
```

给 p1 所指向的变量重新赋值为 8,即 a 的值变成了 8。并且把 p1 的值赋给 p2,即 p2 和 p1 指向同一个变量 a。此时它们的关系如图 5-4 所示。

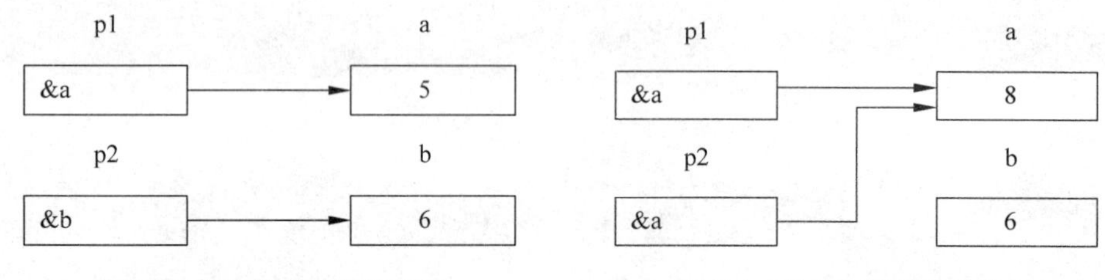


图 5-3 指针与变量的关系图　　　图 5-4 指针与变量的关系图

3. 指向数组的指针

一个数组是由连续的一块内存单元组成的。数组名就是这块连续内存单元的首地址。一个数组也是由各个数组元素组成的。每个数组元素按其类型不同占有几个连续的内存单元。一个数组元素的首地址也是指它所占有的几个内存单元的首地址。

定义一个指向数组元素的指针变量的方法,与以前介绍的指针变量相同。

例如:

```
int a[10];      /* 定义 a 为包含 10 个整型数据的数组 */
int *p;         /* 定义 p 为指向整型变量的指针 */
```

应当注意,因为数组为 int 型,所以指针变量也应为指向 int 型的指针变量。下面是对指针变量赋值。

```
p = &a[0];
```

把 a[0]元素的地址赋给指针变量 p。也就是说,p 指向 a 数组的第 0 号元素,如图 5-5 所示。

C 语言规定,数组名代表数组的首地址,也就是第 0 号元素的地址。因此下面两个语句等价。

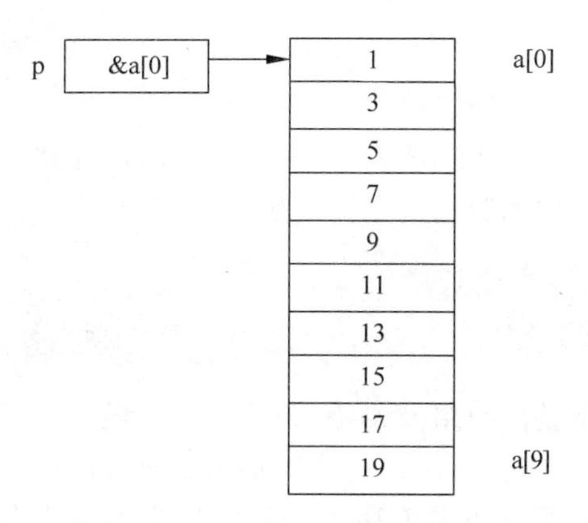


图 5-5　指向数组的指针

```
p = &a[0];
p = a;
```

也可以在定义指针变量时为其赋初值。

```
int *p = &a[0]; 或者 int *p = a;
```

接下来要引用数组元素，可以使用以下两种方式。

(1) 下标法：即用 a[i]形式访问数组元素，在前面介绍数组时都是采用这种方法。

(2) 指针法：即采用 *(a+i)或 *(p+i)形式，用间接访问的方法来访问数组元素，其中 a 是数组名，p 是指向数组的指针变量，其初值 p=a。

```
void main()
{
    int a[10],i;
    for(i = 0;i < 10;i++)
        *(a + i) = i;
    for(i = 0;i < 10;i++)
        printf("a[%d] = %d\n",i, *(a + i));
}
```

以上代码通过数组名计算数组元素地址，从而来引用数组元素。

```
void main()
{
    int a[10],i, *p;
    p = a;
    for(i = 0;i < 10;i++)
        *(p + i) = i;
    for(i = 0;i < 10;i++)
        printf("a[%d] = %d\n",i, *(p + i));
}
```

以上代码通过指向数组元素的指针来引用数组元素。

4. 指针的移动

可以通过对指针与一个整数进行加、减运算来移动指针。进行加法运算时，表示指针向地址增大的方向移动；进行减法运算时，表示指针向地址减小的方向移动。指针移动的具体长度取决于指针指向的数据类型。例如：

```
int  a[10], * p;
p = a;
```

以上语句定义了1个整型数组a，共有10个元素。整型指针变量p刚开始指向数组a的首元素a[0]，此时如果执行语句p=p+3，那么p向后移动3个元素，此时p指向元素a[3]。再执行语句p--，那么p向前移动1个元素，此时p指向元素a[2]。

下面通过指针的移动来求数组中元素的和。

```
void main(){
    int a[10], i, * p, sum = 0;
    p = a;
    for(i = 0; i < 10; i++)
    {
        * p = i;
        sum = sum + * p;
        p++;
    }
    printf("sum = % d", sum);
}
```

5. 字符指针

在C语言中，可以用以下两种方法来访问一个字符串。

(1) 字符数组：

```
char s[] = "Hello world!";
```

(2) 字符指针指向字符串：

```
char * s = "Hello world!";
```

使用字符指针指向一个字符串时，其实字符指针指向的是这个字符串的首字符，然后可以通过指针的移动来实现对字符串中每个字符的操作，移动过程中可以通过比较当前所指向的当字符是否是'\0'来判断字符串是否结束。下面的例子分别统计字符串中的大写字母、小写字母和数字字符的个数。

```
void main(){
    char s[50], * p = s;
    int a = 0, b = 0, c = 0;
    printf("请输入一个字符串: \n");
    gets(p);
    while( * p!= '\0')
    {
```

```
        if( * p>= 'A'&& * p<= 'Z')
            a++;
        else if( * p>= 'a'&& * p<= 'z')
            b++;
        else if( * p>= '0'&& * p<= '9')
            c++;
        p++;
    }
    printf("大写字母个数: % d,小写字母个数: % d,数字字符个数: % d",a,b,c);
}
```

6. 指向结构体变量的指针

当一个指针变量用来指向一个结构体变量时,称之为结构体指针变量。定义结构体指针变量的一般格式如下。

```
struct 结构体名  *结构体指针变量名;
```

通过指针去访问结构体变量的某个成员时,有以下两种方法。

```
( * 结构体指针变量).成员名
结构体指针变量 ->成员名
```

例如:

```
struct stu
{
    char name[20];
    char sex;
    int score;
};
void main()
{
    struct stu * p;
    struct stu s= {"li ping",'M',80};
    p = &s;
    printf("姓名: % s,性别: % s,成绩: % d",p-> name,p-> sex,( * p).score);
}
```

7. 指针作为函数参数

函数的参数不仅可以是整型、实型、字符型等数据,还可以是指针类型。其作用是将一个地址值传给被调函数中的形参指针变量,使形参指针变量指向实参指针指向的变量,即在函数调用时确定形参指针变量的指向。

下面的例子中,swap 函数的功能是将两个整数进行互换,两个形参是整型指针,然后在主函数中进行调用。

```
void swap(int * x, int * y)
{
    int temp;
    temp =  * x;
```

```
    *x= *y;
    *y=temp;
}
void main()
{
    int x,y;
    printf("请输入两个整数:\n");
    scanf("%d%d",&x,&y);
    swap(&x,&y);
    printf("x=%d,y=%d",x,y);
}
```

从键盘输入x、y的值分别为6、8,那么程序执行结果为x=8、y=6,实现了将两个整型变量的值进行交换。因为main函数将变量x、y的地址传给swap函数的两个形参指针变量,即两个形参指针变量指向了在main函数中定义的变量x、y。那么在swap中实现交换的变量就是main函数中定义的x、y。下面的例子是不能将两个整型变量值交换的。

```
void swap(int x, int y)
{
    int temp;
    temp = x;
    x=y;
    y=temp;
}
void main()
{
    int x,y;
    printf("请输入两个整数:\n");
    scanf("%d%d",&x,&y);
    swap(x,y);
    printf("x=%d,y=%d",x,y);
}
```

从键盘输入x、y的值分别为6、8,那么程序执行结果为x=6、y=8。并没有实现将两个整数的值进行交换。因为main函数是将x、y的值传给swap函数的两个形参,swap中的形参和main函数的定义的变量是不同的,在swap中进行的数据交换并没有改变main函数中定义的x、y变量。

### 5-2-2 链表

1. 链表基本概念

链表中的每个元素称为结点,一个链表有若干个结点组成。每个结点之间可以是不连续的,结点之间的联系可以用指针实现。即在结点结构体中定义一个成员项来存放下一个结点的地址,这个存放地址的成员,常把它称为指针域。

可在第一个结点的指针域内存入第二个结点的首地址,在第二个结点的指针域内又存放第三个结点的首地址,如此串联下去直到最后一个结点。这样一种连接方式,在数据结构中称为“链表”,如图5-6所示。

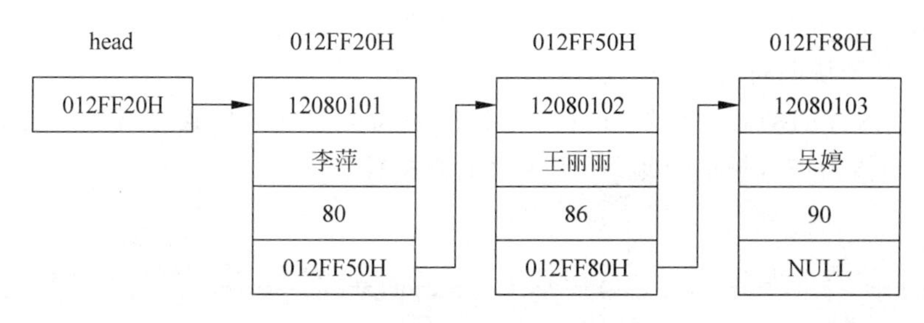


图 5-6　链表结构图

图中，第 0 个结点称为头结点，它存放有第一个结点的首地址，它没有数据，只是一个指针变量。以下的每个结点都分为两个域，一个是数据域，存放各种实际的数据，如学号 num，姓名 name 和成绩 score 等。另一个域为指针域，存放下一结点的首地址。最后一个结点不指向任何结点，该结点的指针域的值为 NULL，这一结点也称为尾结点。

例如，一个存放学生学号、姓名和成绩的结点应使用以下结构。

```
struct stu
{
   char[20] num;
   char[20] name;
   int score;
   struct stu * next;
}
```

前三个成员项组成数据域，后一个成员项 next 构成指针域，它是一个指向 stu 类型结构的指针变量。

2. 动态分配存储的函数

(1) malloc()函数

格式：(类型说明符 * )malloc(size)。

功能：在内存的动态存储区开辟一块长度为 size 个字节的连续区域。若分配成功，则函数的返回值为该区域的首地址，否则返回空指针。“类型说明符”表示该区域用于何种数据类型，size 用于指定空间大小。

例如：

```
int * p;
p = (int * )malloc(8);
```

以上语句分配 8 个字节的存储空间，并把该空间的首地址赋给整型指针变量 p，使 p 指向该空间。如果每个整型数据占 4 个字节的话，这段空间可以存储 2 个整型数据。p 指向第 1 个整型数据，p＝p＋1，指针向后移动 1 个元素，那么就指向第 2 个整型数据。

(2) realloc()函数

格式：(类型说明符 * )realloc(指针变量 ptr，size)。

功能：将指针变量 ptr 指向的存储空间(用 malloc()分配的)大小改为 size 个字节。当用函数 malloc()分配的存储空间的大小需要改变时，使用该函数。

(3) calloc()函数

格式：(类型说明符 * )calloc(n,size)。

功能：在内存的动态存储区开辟 n 个长度为 size 个字节的连续区域。若分配成功，则函数的返回值为该区域的首地址，否则返回空指针。

例如：

```
struct stu *p = (struct stu*)calloc(30,sizeof(struct stu));
```

以上语句分配 30 个连续 stu 结构体大小的内存区域，并把该内存空间的首地址赋给 stu 结构体指针 p，那么 p 指向第 1 个 stu 结构体变量，通过指针的向后移动，让 p 去指向第 2、第 3 个 stu 结构体变量。

(4) free()函数

格式：free(指针变量 ptr)。

功能：释放指针变量 ptr 指向的内存空间。通过 malloc()函数、calloc()函数动态分配的内存空间需要调用 free()函数手动释放，系统是不会自动回收的。

例如：

```
int *p;
p=(int *)malloc(8);
...
free(p);
```

3. 链表的建立

算法思路：从一个空表开始，头指针为 NULL。然后创建新结点，将读入的数据存放在新结点的数据域，然后将新结点插入到当前链表的表头，重复这个操作，即生成链表。算法步骤如下。

第 1 步：将头指针 head 置为 NULL，如图 5-7 所示。

第 2 步：创建新结点 s(即 s 指向该结点)，并写入数据，如图 5-8 所示。

第 3 步：将结点的值写入数据域，如图 5-9 所示。

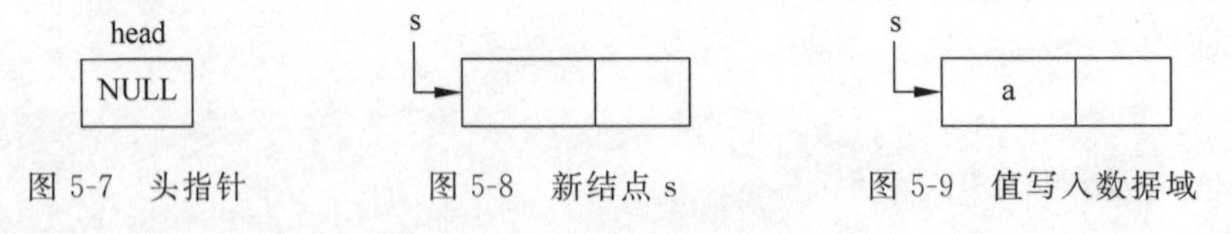


图 5-7 头指针　　图 5-8 新结点 s　　图 5-9 值写入数据域

第 4 步：将 head 的写入该结点的指针域，如图 5-10 所示。

第 5 步：将结点 s 的地址值赋给 head，如图 5-11 所示。

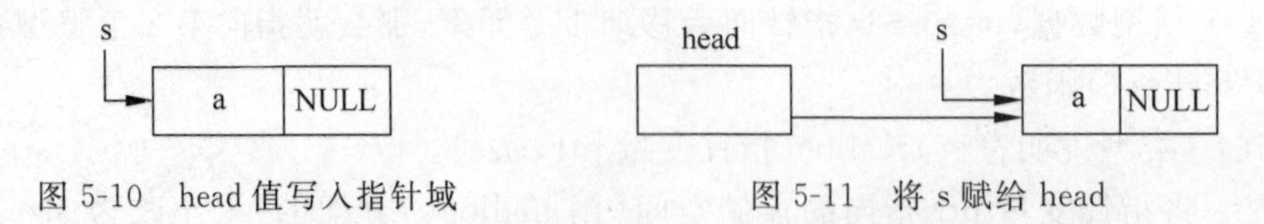


图 5-10 head 值写入指针域　　图 5-11 将 s 赋给 head

重复进行第2步～第5步，就可以建立含有多个结点的单链表，如图5-12所示。

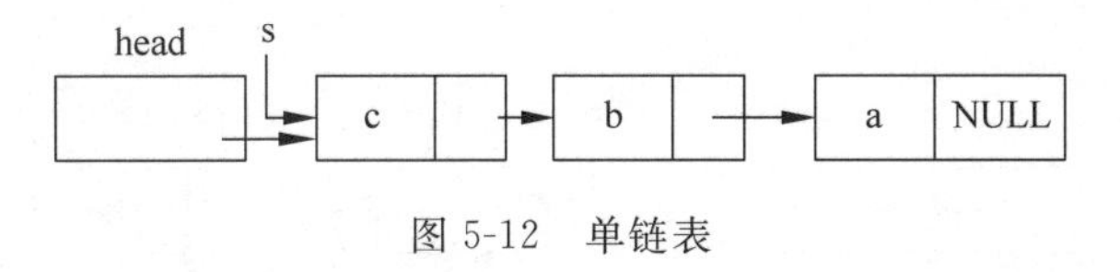


图5-12　单链表

算法实现：

```
struct node
{
    char data;
    struct node * next;
};
//创建链表
struct node * CreateListF()
{
    struct node * head = NULL;
    struct node * s;
    char ch;
    while((ch = getchar())!= '\n')
    {
        s = (struct node * )malloc(sizeof(struct node));
        if(s!= NULL)
        {
            s->data = ch;
            s->next = head;
            head = s;
        }
    }
}
void OutputNode(struct node * head)
{
        struct node * p = head;
        while(p!= NULL)
    {
            printf(" %c\n",p->data);
        p = p->next;
    }
}
void main()
{
    struct node * head = CreateListF();
    OutputNode(head);
}
```

4. 链表的插入

将值为x的新结点s插入到链表head的第i个结点$a_i$的位置上。算法步骤如下。

第 1 步：从开始结点出发，顺着链表找第 i－1 个结点，使指针 p 指向第 i－1 个结点。如图 5-13 所示。

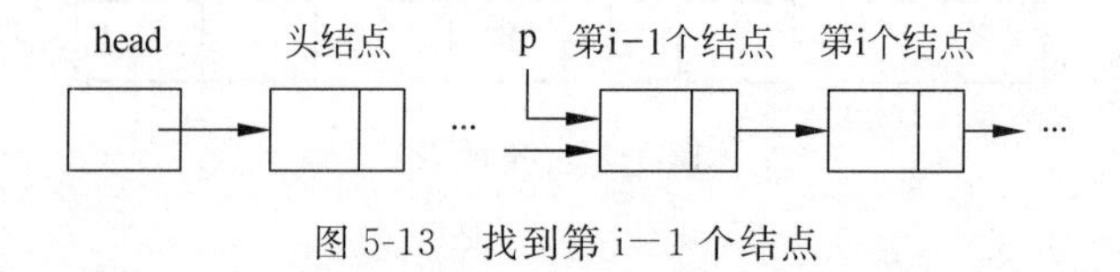


图 5-13　找到第 i－1 个结点

第 2 步：生成新的结点 s，即实现如下操作。

```
s = (struct node * )malloc(sizeof(struct node));
s -> data = 'x';
```

第 3 步：将新结点 s 的指针域指向结点 $a_i$，即实现以下操作：s－>next ＝ p－>next。

第 4 步：将 p 指向结点的指针域指向结点 s，即实现如下操作：p－>next ＝ s；如图 5-14 所示。

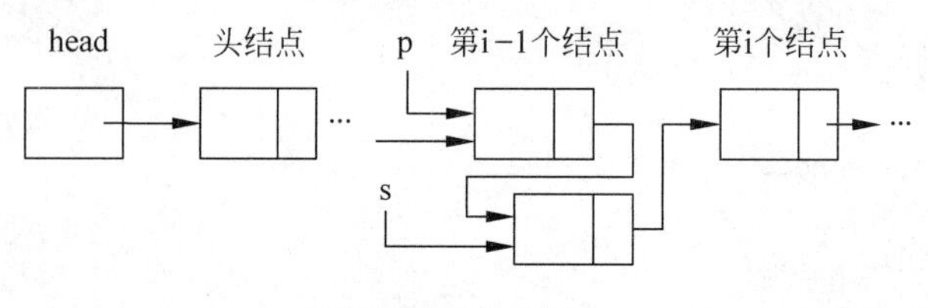


图 5-14　完成插入

算法实现：

```
struct node * GetNode(struct node * head , int i)
{
    int j = 0;
    struct node * p = head;              //从头开始扫描
    while(p!= NULL && j < i)
    {
        p = p -> next;
        j++;
    }
    return p;
}
void InsertNode(struct node * head , int i)
{
    struct node * p = GetNode(head, i - 1);
    if(p!= NULL)
    {
          struct node * s = (struct node * )malloc(sizeof(struct node));
          if(s!= NULL)
          {
```

```
                s->data = 'x';
                s->next = p->next;
                p->next = s;
            }
        }
    else
    {
        printf("找不到该结点!\n");
    }
}
void main()
{
    struct node * head = CreateListF();
    InsertNode(head,2);
    OutputNode(head);
}
```

5. 链表的删除

删除链表 head 上第 i 个结点，算法步骤如下。

第 1 步：从开始结点出发，顺着链表找第 i－1 个结点，使指针 p 指向第 i－1 个结点，如图 5-15 所示。

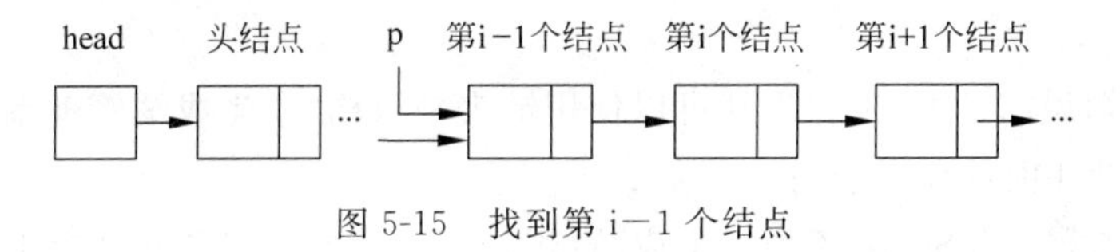


图 5-15　找到第 i－1 个结点

第 2 步：使指针 r 指向第 i 个结点(被删除结点)，即执行以下操作。

```
r = p->next;
```

第 3 步：使指针 p 指向被删除结点的直接后继，即执行以下操作，如图 5-16 所示。

```
p->next = r->next;
```

图 5-16　删除结点完成

第 4 步：释放被删除结点的内存空间，即执行以下操作：free(r)；完成删除操作。

算法实现：

```
void DeleteNode(struct node * head , int i)
{
```

```
    struct node *p = GetNode(head,i-1);
    struct node *r;
    if(p!= NULL && p->next!= NULL)
    {
        r = p->next;
        p->next = r->next;
        free(r);
    }
    else
    {
        printf("找不到该结点!\n");
    }
}
void main()
{
    struct node* head = CreateListF();
    DeleteNode(head,2);
    OutputNode(head);
}
```

## 任务实施

通过以上知识的学习,项目组就可以使用链表来重构"学生成绩管理系统"了。

(1) 重新设计项目数据结构。

(2) 重构函数 AddScore 添加学生成绩,将学生成绩信息保存在链表中。

(3) 重构函数 ListScore 浏览学生成绩。

(4) 重构 MaxScore、MinScore、AvgScore、PassRate 等函数完成学生成绩统计。

(5) 重构排序函数 SortScore 完成学生成绩排序。

(6) 重构函数 SegScore 完成学生成绩分段统计。

(7) 重构函数 SearchStuById 完成根据学号查询学生的成绩。

(8) 重构函数 SearchStuByName 完成根据姓名查询学生的成绩。

1. 重构项目数据结构

"学生成绩管理系统"中的学生成绩信息包含学号、姓名、成绩三个数据,还要包含一个指向下一个学生的指针域。

(1) 定义学生成绩结构体,结构体定义如下。

```
struct STU
{
    char stuId[8];
    har stuName[20];
    int cScore;
    struct STU *next;
};
```

(2) main 函数中定义一个头指针,指向链表的第一个结点。

```
struct STU * head = NULL;
```

2. 重构函数 AddScore 添加学生成绩

此函数循环执行,在录入学生成绩信息之前询问用户,如果用户输入 Y,则录入学号、姓名、成绩三个数据。如果用户输入 N,则退出循环,结束添加学生成绩。

**【函数设计】**

(1) 函数名: AddScore。

(2) 函数参数: 一个 STU 结构体指针变量,指向链表的第 1 个结点。

(3) 返回类型: STU *。

(4) 函数原型:

```
返回值类型 函数名(STU * 指针变量名 )
{
    int flag = 1;
    while(flag)
    {
        …
    }
}
```

**【函数实现】**

```
STU * AddScore(STU * head)
{
    char ss;
    int flag = 1;
    while(flag)
    {
        getchar();
        printf("do you want to input student's info:(Y/N)");
        scanf(" % c",&ss);
        if(ss == 'y' || ss == 'Y')
        {
            STU * s = (STU * )malloc(sizeof(STU));
            printf("please input stuid:");
            scanf(" % s",s -> stuId);
            printf("please input stuname:");
            scanf(" % s",s -> stuName);
            printf("please input cScore:");
            scanf(" % d",&(s -> cScore));
            s -> next = head;
            head = s;
        }
        else
```

```
            flag = 0;
    }
    return head;
}
```

【函数调用】

```
void main()
{
    struct STU * head = NULL;
    …
        case 1:
            head = AddScore(head);break;
    …
}
```

3. 重构函数 ListScore 浏览学生成绩

【函数设计】

(1) 函数名：ListScore。

(2) 函数参数：一个 STU 结构体指针变量。

(3) 返回类型：void。

(4) 函数原型：

```
返回值类型 函数名(STU * head )
{
    STU *p = head;
    while(p!= NULL)
    {
        …
        p = p -> next;
    }
}
```

【函数实现】

```
void ListScore(STU * head)
{
    STU *p = head;
    while(p!= NULL)
    {
        printf("stuid: %s\n",p -> stuId);
        printf("stuname: %s\n",p -> stuName);
        printf("cScore: %d\n",p -> cScore);
        printf("\n");
        p = p -> next;
    }
}
```

**【函数调用】**

```
void main()
{
    struct STU * head = NULL;
    …
        case 2:
            ListScore(head);break;
    …
}
```

4．重构 MaxScore、MinScore、AvgScore、PassRate 等函数完成学生成绩统计

**【函数设计】**

(1) 函数名：MaxScore、MinScore、AvgScore。

(2) 函数参数：一个 STU 结构体指针变量，指向链表的第 1 个结点。

(3) 返回类型：最高分、最低分 int，平均分、及格率 double。

(4) 函数原型：

```
返回值类型 函数名(STU * head )
{
    STU * p = head;
    while(p!= NULL)
    {
        …
        p = p -> next;
    }
}
```

**【函数实现】**

```
int MaxScore(STU * head)
{
    int max = 0;
    STU * p = head;
    while(p!= NULL)
    {
        if(p -> cScore > max)
            max = p -> cScore;
        p = p -> next;
    }
    return max;
}

int MinScore(STU * head)
{
    int min = 100;
    STU * p = head;
```

```
    while(p!= NULL)
    {
        if(p->cScore<min)
            min=p->cScore;
        p=p->next;
    }
    retrun min;
}

double AvgScore(STU * head)
{
    int sum=0,n=0;
    double avg;
    STU *p = head;
    while(p!= NULL)
    {
        sum+=p->cScore;
        n=n+1;
        p=p->next;
    }
    avg=sum*1.0/n;
    return avg;
}

double PassRate(STU * head)
{
    int length=0,num=0;
    STU *p = head;
    while(p!= NULL)
    {
        if(p->cScore>=60)
            num++;
        length++;
        p=p->next;
    }
    return num*1.0/length;
}
```

【函数调用】

```
void main()
{
    struct STU * head = NULL;
    …
        case 3:
            printf("\n max= %d\n",MaxScore(head));
            break;
        case 4:
```

```
            printf("\n min = %d\n",MinScore(head));
            break;
        case 5:
            printf("\n average = %f\n",AvgScore(head));
            break;
        case 6:
            printf("\n passRate = %f\n",PassRate(head));
            break;
    …
}
```

5. 重构排序函数 SortScore 完成学生成绩排序

**【函数设计】**

(1) 函数名：SortScore。

(2) 函数参数：一个 STU 结构体指针变量。

(3) 返回类型：void。

(4) 函数原型：

```
返回值类型 函数名(STU *head)
{
    for( ;  ; )
    {
        for ( ;  ; )
            …
    }
}
```

**【函数实现】**

```
void SortScore(STU *head)
{
    STU *p, *q;
    int temp;
    for(p = head;p!= NULL;p = p->next)
    {
        for(q = p->next;q!= NULL;q = q->next)
        {
            if(p->cScore<q->cScore)
            {
                temp = q->cScore;
                q->cScore = p->cScore;
                p->cScore = temp;
            }
        }
    }
}
```

**【函数调用】**

```
void main()
{
    struct STU * head = NULL;
    …
        case 8:
            SortScore(head);
            ListScore(head);
            break;
    …
}
```

6. 重构函数 SegScore 完成学生成绩分段统计

该函数完成学生成绩分段统计，将每个分数段学生人数的结果保存在一个整型数组中。因此函数中要定义 1 个整型数组，长度为 11。

**【函数设计】**

(1) 函数名：SegScore。

(2) 函数参数：一个 STU 结构体指针变量，指向链表的第 1 个结点。

(3) 返回类型：void。

(4) 函数原型：

```
返回值类型 函数名(STU * head )
{
    STU *p = head;
    while(p!= NULL)
    {
        …
        p=p->next;
    }
}
```

**【函数实现】**

```
void SegScore(STU * head)
{
    int g[11]={0},i,n=0;
    STU *p = head;
    while(p!= NULL)
    {
        switch(p->cScore/10)
        {
            case 10:g[10]++;break;
            case 9:g[9]++;break;
            case 8:g[8]++;break;
            case 7:g[7]++;break;
```

```
            case 6:g[6]++;break;
            case 5:g[5]++;break;
            case 4:g[4]++;break;
            case 3:g[3]++;break;
            case 2:g[2]++;break;
            case 1:g[1]++;break;
            case 0:g[0]++;break;
        }
        n=n+1;
        p=p->next;
    }
    for(i=0;i<11;i++)
        printf("seg rate %d-- %d: is %f%%\n",i*10,i*10+9,g[i]*1.0/n*100);
}
```

**【函数调用】**

```
void main()
{
    struct STU *head = NULL;
    …
        case 7:
            SegScore(head);break;
    …
}
```

7. 重构函数 SearchStuById,完成根据学号查询学生的成绩

该函数根据学号查询学生的成绩,因此参数中需要传入要查询的学生学号,学号是一个字符串。

**【函数设计】**

(1) 函数名:SearchStuById。

(2) 函数参数:一个 STU 结构指针变量和一个字符指针变量。

(3) 返回类型:void。

(4) 函数原型:

```
返回值类型 函数名(STU *head,char *sId)
{
    STU *p = head;
    while(p!= NULL)
    {
        …
        p=p->next;
    }
}
```

【函数实现】

```
void SearchStuById(STU * head,char * sId)
{

    STU *p = head;
    STU *s = NULL;
    while(p!= NULL)
    {
        if(strcmp(sId,p->stuId) == 0)
        {
            s = p;
            break;
        }
        p = p->next;
    }
    if(s == NULL)
    {
        printf("对不起,没有该生的信息!\n");
    }
    else
    {
        printf("stuid: %s\n",s->stuId);
        printf("stuname: %s\n",s->stuName);
        printf("cScore: %d\n",s->cScore);
    }
}
```

【函数调用】

```
void main()
{
    struct STU *head = NULL;
    char sId[8];
    …
        case 1:
            printf("请输入需查询的学生学号:     ");
            scanf("%s",sId);
            SearchStuById(head,sId);
            break;
    …
}
```

8. 重构函数 SearchStuByName 完成根据姓名查询学生的成绩

该函数根据姓名查询学生的成绩,因此参数中需要传入要查询的学生姓名,姓名是一个字符串。

**【函数设计】**

(1) 函数名：SearchStuByName。

(2) 函数参数：一个 STU 结构指针变量和一个字符指针变量。

(3) 返回类型：void。

(4) 函数原型：

```
返回值类型 函数名(STU * head,char * sName )
{
    STU * p = head;
    while(p!= NULL)
    {
        …
        p = p -> next;
    }
}
```

**【函数实现】**

```
void SearchStuByName(STU * head,char * sName)
{
    STU * p = head;
    STU * s = NULL;
    while(p!= NULL)
    {
        if(strcmp(sName,p -> stuName) == 0)
        {
            s = p;
            break;
        }
        p = p -> next;
    }
    if(s == NULL)
    {
        printf("对不起,没有该生的信息!\n");
    }
    else
    {
        printf("stuid: % s\n",s -> stuId);
        printf("stuname: % s\n",s -> stuName);
        printf("cScore: % d\n",s -> cScore);
    }
}
```

【函数调用】

```
void main()
{
    struct STU * head = NULL;
    char sId[8];
    …
        case 1:
                printf("请输入需查询的学生姓名:     ");
                scanf("%s",sId);
                SearchStuByName(head,sId);
                break;
    …
}
```

## 任务拓展

1. 任务拓展1

双向链表也叫双链表,是链表的一种,它的每个数据结点中都有两个指针,分别指向直接后继和直接前驱。所以从双向链表中的任意一个结点开始,都可以很方便地访问它的前驱结点和后继结点。设计"学生成绩管理系统"中的学生成绩信息双向链表数据结构,结构体定义如下。

```
struct STU
{
    char stuId[8];
    char stuName[20];
    int cScore;
    struct STU * next;
    strcut STU * prev;
};
```

2. 任务拓展2

设计函数 AddScore,使用双向链表保存输入的学生成绩信息。

AddScore 函数的设计和调用。

(1) 确定函数名: AddScore。

(2) 确定函数参数类型和传值方式: 指向结构体 STU 的指针,因此是地址传递。

(3) 确定函数返回值类型: STU * 。

(4) 确定函数算法: 循环判断用户的输入,如果输入 Y 那么创建一个新的结点,输入学生学号、姓名、成绩,并将新结点插入到链表中; 如果输入 N,那么退出循环,结束添加学生成绩信息。

(5) 确定函数调用: 在主函数中调用 AddScore 添加学生成绩信息。

代码实现：

```
#include <stdio.h>
#include <string.h>
#include <stdlib.h>
struct STU
{
    char stuId[8];
    char stuName[20];
    int cScore;
    struct STU *next;
    struct STU *prev;
};

STU* AddScore(STU *head)
{
    char ss;
    int flag = 1;
    while(flag)
    {
        getchar();
        printf("do you want to input student's info:(Y/N)");
        scanf("%c",&ss);
        if(ss == 'y' || ss == 'Y')
        {
            STU *s = (STU*)malloc(sizeof(STU));
            printf("please input stuid:");
            scanf("%s",s->stuId);
            printf("please input stuname:");
            scanf("%s",s->stuName);
            printf("please input cScore:");
            scanf("%d",&(s->cScore));
            if(head!= NULL)
            {
                head->prev = s;
            }
            s->next = head;
            head = s;
        }
        else
        {
            flag = 0;
        }
    }
    return head;
```

```
}
void main()
{
    struct STU * head = NULL;
    head = AddScore(head);
}
```

## 模块总结

本模块主要使用结构体和链表对“学生成绩管理系统”的各功能进行了重构。包括管理员角色：成绩添加和浏览、成绩统计、成绩排序等功能；学生角色：成绩查询功能。通过任务实施，学习和掌握了C语言的结构体、指针和链表的基本知识和使用技巧。

(1) 结构体：结构体是由一系列不同类型的数据构成的数据集合，包含多个成员变量。结构体的主要作用就是封装，将不同类型的数据封装成一个整体，方便完成数据的存储和操作。使用结构体可以保存学生的学号、姓名和成绩等多种信息。通过“.”运算符来引用结构体各成员变量。

(2) 指针：内存单元的地址称为指针。C语言之所以强大，以及自由性，很大部分体现在其灵活的指针运用上。因此说指针是C语言的灵魂，一点也不为过。但是指针的使用极其复杂，使用不当，会导致内存泄漏、系统崩溃。使用指针前，要明确指针所指向的内存空间，不能不初始化就使用。指针移动过程中要特别小心，不要越界，造成内存泄漏。如果指针所指向的变量是自动分配空间的，不必手动释放，系统会自动回收。但如果指针所指向的变量是动态分配空间的，此时必须要手动释放，系统不会自动回收。

(3) 链表：链表是一种物理存储单元上非连续、非顺序的存储结构。每个结点包括两个部分：一个是存储数据的数据域，另一个是存储下一个结点地址的指针域。使用链表的好处就是不受空间限制，不像数组使用之前必须要明确数组的长度，链表可以动态创建。在结点插入、删除操作上比较方便，不需要大量移动数据。缺点就是查找时需要从头指针一一遍历下来。因此链表适合需要大量进行插入、删除的操作，不适合需要大量查询的操作。

## 作业习题

1. 假定图书信息包括：编号、书名、价格、借阅人姓名、是否已借出标记。图书借阅程序功能：根据输入的图书编号，查找库中是否有此书，若无此书，则输出相应信息表示没有此书；若有，再查看是否已借出，若没有借出，则输入借阅人姓名并将此书标记为借出。若已被借出，则输出相应信息表示已被借出。使用链表编程实现图书借阅程序的相关功能。

2. 模拟 3 人斗地主游戏中的洗牌和发牌。一副牌假定有 52 张(不包括大小王),有 13 种面值(“2”“3”“4”“5”“6”“7”“8”“9”“10”“J”“Q”“K”“A”)和 4 种花色(“红桃”“黑桃”“方块”“梅花”)。定义一张纸牌的结构体如下。

```
struct card
{
      char * face ;      //面值
      char * suit ;      //花色
}
```

编写以下两个函数。

(1) 初始化一副牌:void init(Card * wDesk)。

(2) 把一副牌发给 3 个玩家:void deal(Card * wDesk)。

模块六

# 项目重构2——文件

在模块五中,添加了30个学生的成绩信息,当关闭程序再重新启动时,这些信息就没有了,如何才能将上次操作的结果保存下来呢?

造成这一现象的原因是这些大批量的数据信息都是存储在内存中,当程序运行结束时,内存被回收,这些信息自然就没有了。为了解决上述问题,本模块将“学生成绩信息”存储到文件中,程序结束前,将本次的操作结果存储到文件中;启动程序时,直接从文件中读取数据,从而实现了上次操作结果的重现。

**【工作任务】**

(1) 任务6-1:保存学生信息到文件。

(2) 任务6-2:从文件读取学生信息。

**【学习目标】**

(1) 掌握文件的概念和应用。

(2) 掌握写文件的流程和相关操作。

(3) 掌握读文件的流程和相关操作。

## 任务6-1:保存学生信息到文件

### 任务描述与分析

在模块五中,学生成绩是保存在结构体变量中,当程序结束时,内存被回收,保存在内存中的信息全部消失;当再次运行程序时,管理员需要重新录入学生成绩信息。造成这一问题的原因是,“学生成绩信息”是动态存储的,没有办法永久保存,不能重复使用,为了解决这个问题,周老师提出了一种新的解决方案:应用文件存储学生成绩,将管理员输入的学生信息保存到文件中,从而实现学生成绩的永久保存。要求各项目小组使用文件来重构“学生成绩管理系统”。

任务实现效果如图6-1和图6-2所示。当以管理员身份登录该系统,完成了“班级成绩添加”后,选择菜单项“9——保存并退出”,就可以将学生成绩保存到文件stuScore.txt中。

为了实现这个任务,周老师要给项目组的同学们分析一下需要掌握哪些知识?通过

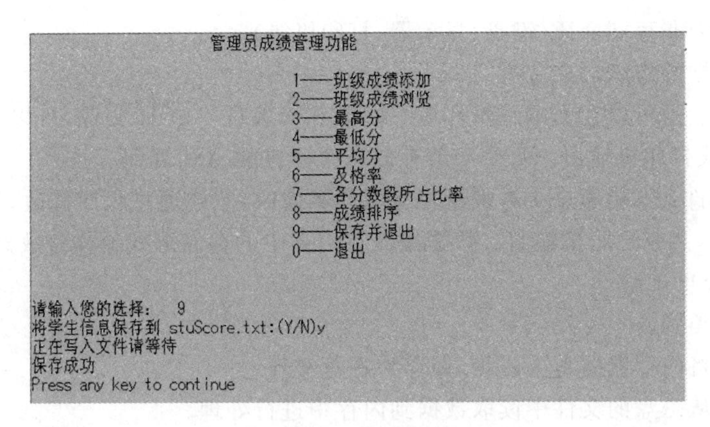


图 6-1　保存班级成绩操作过程

stuScore.txt - 记事本

文件(F)　编辑(E)　格式(O)　查看(V)　帮助(H)

```
13080301 王小飞 80
13080302 徐丽 75
13080303 王涛 90
13080304 吴凯 85
13080305 乔伟强 78
13080306 严一民 95
13080307 陈浩杰 92
13080308 陈杰 75
13080309 王虎威 68
130803010 李弋舟 70
130803011 刘加毫 84
130803012 刘雪艳 82
130803013 陈小旭 80
130803014 陈霏霏 79
130803015 严佳娴 86
130803016 季娟 90
130803017 陆佳文 80
130803018 孙倩 78
```

图 6-2　保存班级成绩实现效果

分析，要完成这个重构任务，需要掌握文件操作的方法和操作流程，具体要求如下。

（1）理解文件的概念及文件操作的流程。

（2）掌握文件打开 fopen 函数、fclose 函数，熟练进行文件的打开、关闭。

（3）掌握文件的读函数 fscanf、写函数 fprintf，熟练进行文件的读、写操作。

## 相关知识与技能

1. 文件概念

文件是在内存以外的设备上以某种形式组织的数据集合，可以按文件名来存取其中的数据。

2. 文件分类

（1）按存储介质分类

普通文件：存储介质文件（磁盘、磁带等）。

设备文件：非存储介质(键盘、显示器、打印机等)。

(2) 按数据的组织形式分类

文本文件：是可以在文本编辑环境下阅读和修改的 ASCII 文件，可以由终端键盘输入、由显示器或打印机输出。每个字节存放一个字符的 ASCII 码。

二进制文件：不能通过文本编辑环境阅读和修改，只能通过程序修改，不能由终端键盘输入、由显示器或打印机输出。数据按其在内存中的存储形式原样存放。

3. 文件处理流程

(1) 操作类别。

写文件：将内存数据写入磁盘，保存为磁盘文件。

读文件：从磁盘的文件中读取数据到内存中进行处理。

(2) 操作步骤：打开文件→文件读/写→关闭文件。

(3) 库函数：stdio. h。

4. 文件操作函数

C 语言提供了丰富的文件处理函数，在使用前应包含头文件 stdio. h。下面介绍几个最常用的文件操作函数。

(1) 文件类型指针

指针变量说明：FILE *fp。

用法：文件打开时，系统自动建立文件结构体，并把指向它的指针返回来，程序通过这个指针获得文件信息，访问文件。

文件关闭后，它的文件结构体被释放。

(2) 文件打开函数 fopen

格式：FILE * fopen(char *name,char *mode)。

name：要打开的文件名。

mode:文件操作模式，详细如表 6-1 所示。

表 6-1 文件打开方式

| 文件使用方式 | 含 义 |
|---|---|
| "r/rb"(只读) | 为读打开一个已存在的文本/二进制文件 |
| "w/wb"(只写) | 为写打开或建立一个文本/二进制文件 |
| "a/ab"(追加) | 向文本/二进制文件尾追加数据 |
| "r+/rb+"(读写) | 为读/写打开一个已存在的文本/二进制文件 |
| "w+/wb+"(读写) | 为读/写打开或建立一个文本/二进制文件 |
| "a+/ab+"(读写) | 为读/写打开或建立一个文本/二进制文件 |

功能：按指定方式打开文件。

返回值：正常打开，为指向文件结构体的指针；打开失败，为 NULL。

**【例 6-1】**

```
FILE  *fp;
fp= fopen ("d:\\fengyi\\bkc\\test.dat","r");
```

**【例 6-2】**

```
FILE   *fp;
char   *filename = "c:\\fengyi\\bkc\\test.dat";
fp = fopen(filename,"r");
```

(3) 文件关闭函数 fclose

格式：int  fclose(FILE  *fp)。

功能：关闭 fp 指向的文件。

返回值：正常关闭为 0；出错时非 0。

(4) 格式化输出函数 fprintf

格式：int  fprintf(FILE  *fp, const char  *format, …)。

功能：按格式对文件进行输出操作。

**【例 6-3】**

```
fprintf(fp,  "%d,%6.2f"  ,i  ,t);  /*将 i 和 t 按%d,%6.2f 格式输出到 fp 文件*/
```

**【例 6-4】**

```
#include <stdio.h>
void main()
{
   char deptName[8];
   int deptId;
   FILE *fp;
   if((fp = fopen("test.txt","w")) == NULL)
   {  printf("can't open file");
      return;
   }
   scanf("%s%d",deptName,&deptId);
   fprintf(fp,"%s %d",deptName,deptId);        /*write to file*/
   fclose(fp);
}
```

本程序完成的功能是，用户从键盘输入部门编号和部门名称，并保存到 test.txt 文件中。值得注意的是 test.txt 文件与本程序的可执行文件位于同一个目录下。

## 任务实施

具备了以上知识，同学们就可以将学生成绩保存到文件，具体步骤如下。

(1) 重构 main 函数，添加“保存退出”菜单项，选择该菜单项，就可以完成将学生成绩保存到文件中。

(2) 添加 ScoreSave 函数，具体实现将学生成绩保存到文件中。当选择“9——保存并退出”菜单项，将调用该函数，实现将内存中的信息保存到 stuScore.txt 中。

1. 重新设计项目 main 函数

添加“管理员”的菜单项：9——保存并退出。

```
void main()
{
    while(subFlag)
    {
            …
            printf("\t\t      8——成绩排序\n");
            printf("\t\t      9——保存并退出\n");
            printf("\t\t      0——退出\n");
            …
    }
    switch(subSelect)
    {   …
        case 9:
                ScoreSave(head);
                subFlag = 0;
                mFlag = 0;
        break;
        …
    }
}
```

2. 添加 SaveScore 函数

由模块五可知，学生成绩信息保存在单链表中，链表头为 head。本函数的功能是读取链表中的每一个结点的成绩信息，逐一保存到 stuScore 文件中。为了 stuScore. txt 的可阅读性，方便查阅学生的成绩信息，本程序约定一行保存一个学生的信息。

**【函数设计】**

(1) 函数名：SaveScore。

(2) 函数参数：链表的头结点，STU 类型的指针。

(3) 返回类型：void。

(4) 函数原型：

```
void SaveScore(STU * head)
{
    …
}
```

**【函数实现】**

```
void SaveScore(STU * head)
{
    char ss;
    getchar();
```

```
    printf("将学生信息保存到 stuScore.txt:(Y/N)");
    scanf(" %c",&ss);
    if(ss == 'y' || ss == 'Y')
    {
        FILE *fp;
        fp = fopen("stuScore.txt","w+");
        if(fp == NULL)
        {
            printf("can't open file stuScore.txt\n");
            return;
        }
        STU *p = head;
        while(p!= NULL)
        {
            fprintf(fp,"%s %s %d\n",p->stuId,p->stuName,p->cScore);
            p = p->next;
        }
        printf("正在写入文件请等待\n");
        printf("保存成功\n");
        fclose(fp);
    }
    else
    {
        printf("放弃保存\n");
        return;
    }
```

【函数调用】

```
void main()
{
    …
        case 9:
            ScoreSave(head);
            subFlag = 0;
            mFlag = 0;
        break;
    …
}
```

## 任务拓展

假设“学生成绩管理系统”学生成绩信息采用结构体数组进行存储，结构体定义如下。

```
struct STU
{
```

```
    char stuId[8];
    char stuName[20];
    int cScore;
};
```

重新设计 SaveScore 函数,将内存中的学生成绩信息写入文件。

(1) 确定函数名:SaveScore。

(2) 确定函数参数类型和传值方式:STU 类型的数组。

(3) 确定函数返回值类型:void。

(4) 确定函数算法:从数组下标 0 开始,直到所有学生信息都写入文件,退出循环。

代码实现:

```
#include <stdio.h>
#include <string.h>
void SaveScore(STU s[])
{
    char ss;
    int i;
    getchar();
    printf("将学生信息保存到 stuScore.txt:(Y/N)");
    scanf(" %c",&ss);
    if(ss == 'y' || ss == 'Y')
    {
        FILE *fp;
        fp = fopen("stuScore.txt","w+");
        if(fp == NULL)
        {
            printf("can't open file stuScore.txt\n");
            return;
        }
        for(i = 0;i < length;i++)
        {
            fprintf(fp," %s %s %d\n",s[i].stuId,s[i].stuName,s[i].cScore);
        }
        printf("正在写入文件请等待\n");
        printf("保存成功\n");
    }
    else
    {
        printf("放弃保存\n");
        return;
    }
}
```

【函数调用】

```
void main()
{
        …
        printf("\t\t        8——成绩排序\n");
        printf("\t\t        9——保存退出\n");
        printf("\t\t        0——退出\n");
        …
        case 9:
                SaveScore(stuInfo);
                subFlag = 0;
                mFlag = 0;
                break;
}
```

# 任务6-2：从文件读取学生信息

## 任务描述与分析

在任务6-1中，把班级同学的成绩信息（姓名、学号、成绩）都保存在文件stuScore.txt中。通过任务实施发现，不仅要把学生信息保存起来，还需要在必要的情况下从stuScore.txt文件中读入学生信息，以便进行统计、查询操作。

为了能够把文件stuScore.txt文件中读入学生信息，周老师给大家介绍了读文件的相关操作以及文件定位等相关知识。

## 相关知识与技能

1. 格式化输出函数fscanf

格式：int　fscanf(FILE　*fp, const char　*format, …)。

功能：按格式对文件进行输入操作。

**【例6-5】** 读入文件的信息到i、t变量中。

```
fscanf(fp,"%d,%f",&i,&t);
```

**【例6-6】** 打开test文件，将文件第一行的内容读入到name,id变量中，并显示。

```
#include <stdio.h>
void main()
```

```
{
    char name[80];
    int id;
    FILE * fp;
   if((fp = fopen("test","r")) == NULL)
   {
          printf("can't open file\n");
          return;
   }
   fscanf(fp," %s %d",name,&id);          /* read from file */
   printf(" %s  %d",id,name);
   fclose(fp);
}
```

2. 文件定位

(1) 相关概念

文件位置指针：指向文件当前读写位置的指针。

读写方式如下。

① 顺序读写：每次均以上次读或写入后的下一位置作为本次读或写的起点。

② 随机读写：位置指针按需要移动到任意位置。

(2) rewind 函数

函数原型：void rewind(FILE * fp) /* fp 为文件位置指针 */。

功能：重置文件位置指针到文件开头。

返值：无。

(3) fseek 函数

函数原型：int fseek(FILE * fp,long offset,int whence)。

功能：改变文件位置指针的位置。

返值：成功返回 0；失败返回非 0 值。

参数：文件位值如表 6-2 所示。

**表 6-2 文件位置**

| 起 始 点 | 常 量 | 值 |
| --- | --- | --- |
| 文件开始 | SEEK_SET | 0 |
| 文件当前位置 | SEEK_CUR | 1 |
| 文件末尾 | SEEK_END | 2 |

**【例 6-7】** 改变文件指针位置。

```
fseek(fp,100,0);
fseek(fp,50,1);
fseek(fp,-10,2);
```

（4）ftell 函数

函数原型：long　ftell(FILE　* fp)。

功能：返回位置指针当前位置(用相对文件开头的位移量表示)。

返值：成功返回当前位置指针位置；失败返回－1。

## 任务实施

具备了以上的理论知识，就可以重构“学生成绩管理系统”，添加读文件的功能。具体分为以下步骤。

（1）重构 main 函数。

（2）添加 ReadScore 函数，将 stuScore. txt 文件逐行读入，每个学生的信息保存在一个链表的结点中。

### 1. 重构 main 函数

“学生成绩管理系统”启动，需要从 stuScore. txt 读入学生的信息，并创建一个学生信息链表，为了达到以上目的，需要在 main 函数中，添加对 ReadScore 函数的调用。

```
void main()
{
    struct STU * head = NULL;
    char sId[8];
    int mFlag = 1,mSelect;
    int subFlag,subSelect;
    ReadScore(&head);
    …
}
```

### 2. 添加 ReadScore 函数

从 stuScore. txt 的文件头开始逐行读入学生的信息，直到文件尾，在该函数中，将读入的学生信息，保存在结点中，内存中采用链表存储结构存储学生的信息。

**【函数设计】**

（1）函数名：ReadScore。

（2）函数参数：一个 STU 结构体二级指针变量，指向链表的头结点的地址的指针。

（3）返回类型：void。

（4）函数原型：void ReadScore(STU　** head)。

**【函数实现】**

```
void ReadScore(STU * * head)
{
    int flag = 1;
    int i;
    char ch;
    int line = 0;
```

```
    FILE *fp;
    fp = fopen("stuScore.txt","r+");
    if(fp == NULL)
    {
        printf("can't open file stuScore.txt\n");
        return;
    }
    while(!feof(fp))
    {
        if((ch = fgetc(fp)) == '\n')
            line++;
    }
    i = 0;
    fseek(fp,0,0);
    while(i < line)
    {
        STU *s = (STU *)malloc(sizeof(STU));
        memset(s,sizeof(STU),0);
        fscanf(fp,"%s%s%d",&s->stuId,&s->stuName,&(s->cScore));
        s->next = *head;
        *head = s;
        i++;
    }
    fclose(fp);
}
```

【函数调用】

```
void main()
{
    struct STU *head = NULL;
    char sId[8];
    int mFlag = 1,mSelect;
    int subFlag,subSelect;
     ReadScore(&head);
     …
}
```

## 任务拓展

假设“学生成绩管理系统”,采用双向链表结构存储学生信息,结构体定义如下。

```
struct STU
{
    char stuId[8];
    char stuName[20];
```

```
    int cScore;
    struct STU * next;
    strcut STU * prev;
};
```

重新设计 ReadScore 函数，将 stuScore.txt 中的学生成绩信息逐行读入并保存到双向链表中。

(1) 确定函数名：ReadScore。

(2) 确定函数参数类型和传值方式：指向链表头结点的二级指针，指向结构体 STU 的地址的指针。

(3) 确定函数返回值类型：void。

(4) 确定函数算法：读取一行，创建新结点，给相应的变量赋值，并将新结点插入到链表中；直到文件尾退出循环。

代码实现：

```
#include <stdio.h>
#include <string.h>
#include <stdlib.h>
void ReadScore(STU * * head)
{
    int flag = 1;
    int i;

    char ch;
    int line = 0;
    FILE * fp;
    fp = fopen("stuScore.txt","r+");
    if(fp == NULL)
    {
        printf("can't open file stuScore.txt\n");
        return;
    }
    while(!feof(fp))
    {
        if((ch = fgetc(fp)) == '\n')
            line++;
    }
    i = 0;
    fseek(fp,0,0);
    while(i < line)
    {
        STU * s = (STU * )malloc(sizeof(STU));
        memset(s,sizeof(STU),0);
        fscanf(fp,"%s%s%d",&s->stuId,&s->stuName,&(s->cScore));
        if(head!= NULL)
        {
```

```
        head->prev = s;
        }
        s->next = *head;
        *head = s;
        i++;
    }
    fclose(fp);
}
```

## 模块总结

本模块主要的任务是使用文件对“学生成绩管理系统”进行了重构，将学生信息存储到文件中，从而实现了数据的永久保存。通过任务实施学习和掌握了C语言的文件操作的基本知识和使用技巧。

(1) 文件：是在内存以外的设备上以某种形式组织的数据集合，可以按文件名来存取其中的数据。文件操作的步骤是：打开文件→文件读/写→关闭文件。

(2) 文件打开、关闭：文件在使用前，使用fopen打开文件，在进行文件读、写前首先要检查文件指针是否为空，防止对空指针进行操作；当文件使用结束后，调用fclose函数关闭文件，释放内存。

(3) 读文件、写文件：文件读、写可以按照字符、字符串、数据块为单位进行读写，文件也可按指定的格式进行读/写。

## 作业习题

1. 新建source.c、target.c两个文件，其中target.c是一个空文件，source.c的内容如下。

```
void SearchByNo(STU s[],char sId[])
{
    int i,index = -1;
    for(i = 0;i < length;i++)
    {
        if(strcmp(s[i].stuId,sId) == 0)
            index = i;
    }
    if(index == -1)
    {
        printf("对不起,该生不存在!\n");
    }
    else
```

```
    {
        printf("stuid: %s\n",s[index].stuId);
        printf("stuname: %s\n",s[index].stuName);
        printf("cScore: %d\n",s[index].cScore);
    }
}
```

编写程序实现将 source.c 的内容复制到 target.c 文件中。

2. 新建一个文件 statistic.txt，内容为“I am student of Jingyin Polytechnic College”，编写程序统计 statistic.txt 中包含大写字母的个数。

# 附录A

# 常用字符与 ASCII 代码对照表

| ASCII 值 | 字符 | ASCII 值 | 字符 | ASCII 值 | 字符 | ASCII 值 | 字符 |
|---|---|---|---|---|---|---|---|
| 000 | NUL | 032 | (space) | 064 | @ | 096 | ` |
| 001 | SOH | 033 | ! | 065 | A | 097 | a |
| 002 | STX | 034 | " | 066 | B | 098 | b |
| 003 | ETX | 035 | # | 067 | C | 099 | c |
| 004 | EOT | 036 | $ | 068 | D | 100 | d |
| 005 | END | 037 | % | 069 | E | 101 | e |
| 006 | ACK | 038 | & | 070 | F | 102 | f |
| 007 | BEL | 039 | ' | 071 | G | 103 | g |
| 008 | BS | 040 | ( | 072 | H | 104 | h |
| 009 | HT | 041 | ) | 073 | I | 105 | i |
| 010 | LF | 042 | * | 074 | J | 106 | j |
| 011 | VT | 043 | + | 075 | K | 107 | k |
| 012 | FF | 044 | , | 076 | L | 108 | l |
| 013 | CR | 045 | - | 077 | M | 109 | m |
| 014 | SO | 046 | 。 | 078 | N | 110 | n |
| 015 | SI | 047 | / | 079 | O | 111 | o |
| 016 | DLE | 048 | 0 | 080 | P | 112 | p |
| 017 | DC1 | 049 | 1 | 081 | Q | 113 | q |
| 018 | DC2 | 050 | 2 | 082 | R | 114 | r |
| 019 | DC3 | 051 | 3 | 083 | S | 115 | s |
| 020 | DC4 | 052 | 4 | 084 | T | 116 | t |
| 021 | NAK | 053 | 5 | 085 | U | 117 | u |
| 022 | SYN | 054 | 6 | 086 | V | 118 | v |
| 023 | ETB | 055 | 7 | 087 | W | 119 | w |
| 024 | CAN | 056 | 8 | 088 | X | 120 | x |
| 025 | EM | 057 | 9 | 089 | Y | 121 | y |
| 026 | SUB | 058 | : | 090 | Z | 122 | z |
| 027 | ESC | 059 | ; | 091 | [ | 123 | { |
| 028 | FS | 060 | < | 092 | \ | 124 | \| |
| 029 | GS | 061 | = | 093 | ] | 125 | } |
| 030 | RS | 062 | > | 094 | ^ | 126 | ~ |
| 031 | US | 063 | ? | 095 | _ | | |

附录B

# 运算符和结合性

<table>
<tr><th>优先级</th><th>运　算　符</th><th>含　　义</th><th>要求运算对象的个数</th><th>结合方向</th></tr>
<tr><td rowspan="4">1</td><td>( )</td><td>圆括号</td><td rowspan="4"></td><td rowspan="4">自左至右</td></tr>
<tr><td>[ ]</td><td>下标运算符</td></tr>
<tr><td>-></td><td>指向结构体成员运算符</td></tr>
<tr><td>.</td><td>结构体成员运算符</td></tr>
<tr><td rowspan="9">2</td><td>!</td><td>逻辑非运算符</td><td rowspan="9">1(单目运算符)</td><td rowspan="9">自右至左</td></tr>
<tr><td>~</td><td>按位取反运算符</td></tr>
<tr><td>++</td><td>自增运算符</td></tr>
<tr><td>--</td><td>自减运算符</td></tr>
<tr><td>-</td><td>负号运算符</td></tr>
<tr><td>(类型)</td><td>类型转换运算符</td></tr>
<tr><td>*</td><td>指针运算符</td></tr>
<tr><td>&</td><td>取地址运算符</td></tr>
<tr><td>sizeof</td><td>长度运算符</td></tr>
<tr><td rowspan="3">3</td><td>*</td><td>乘法运算符</td><td rowspan="3">2(双目运算符)</td><td rowspan="3">自左至右</td></tr>
<tr><td>/</td><td>除法运算符</td></tr>
<tr><td>%</td><td>求余运算符</td></tr>
<tr><td rowspan="2">4</td><td>+</td><td>加法运算符</td><td rowspan="2">2(双目运算符)</td><td rowspan="2">自左至右</td></tr>
<tr><td>-</td><td>减法运算符</td></tr>
<tr><td rowspan="2">5</td><td><<</td><td>左移运算符</td><td rowspan="2">2(双目运算符)</td><td rowspan="2">自左至右</td></tr>
<tr><td>>></td><td>右移运算符</td></tr>
<tr><td>6</td><td><<=　>>=</td><td>关系运算符</td><td>2(双目运算符)</td><td>自左至右</td></tr>
<tr><td rowspan="2">7</td><td>==</td><td>等于运算符</td><td rowspan="2">2(双目运算符)</td><td rowspan="2">自左至右</td></tr>
<tr><td>!=</td><td>不等于运算符</td></tr>
<tr><td>8</td><td>&</td><td>按位与运算符</td><td>2(双目运算符)</td><td>自左至右</td></tr>
<tr><td>9</td><td>^</td><td>按位异或运算符</td><td>2(双目运算符)</td><td>自左至右</td></tr>
<tr><td>10</td><td>|</td><td>按位或运算符</td><td>2(双目运算符)</td><td>自左至右</td></tr>
<tr><td>11</td><td>&&</td><td>逻辑与运算符</td><td>2(双目运算符)</td><td>自左至右</td></tr>
<tr><td>12</td><td>||</td><td>逻辑或运算符</td><td>2(双目运算符)</td><td>自左至右</td></tr>
<tr><td>13</td><td>?　:</td><td>条件运算符</td><td>3(三目运算符)</td><td>自右至左</td></tr>
</table>

续表

| 优先级 | 运 算 符 | 含 义 | 要求运算对象的个数 | 结合方向 |
|---|---|---|---|---|
| 14 | = += -= *= /= %= >>= <<= &= ^= \|= | 赋值运算符 | 2(双目运算符) | 自右至左 |
| 15 | , | 逗号运算符(顺序求值运算符) | | 自左至右 |

说明：

(1) 同一优先级的运算符，运算次序由结合方向决定。例如 * 与/具有相同的优先级别，其结合方向为自左至右，因此 3 * 5/4 的运算次序是先乘后除。－和＋＋为同一优先级，结合方向为自右至左，因此－i＋＋相当于－(i＋＋)。

(2) 不同的运算符要求有不同的运算对象个数，如＋(加)和－(减)为双目运算符，要求在运算符两侧各有一个运算对象(如 3＋5、8－3 等)。而＋＋和－(负号)运算符是单目运算符，只能在运算符的一侧出现一个运算对象(如－a、i＋＋、－－i、(float) i、sizeof (int)、* p 等)。条件运算符是 C 语言中唯一的一个三目运算符，如 x? a：b。

# C语言库函数

库函数并不是C语言的一部分，它是由人们根据需要编制并提供用户使用的。每一种C编译系统都提供了一批库函数，不同的编译系统所提供的库函数的数目和函数名以及函数功能是不完全相同的。ANSI C标准提出了一批建议提供的标准库函数，它包括了目前多数C编译系统提供的库函数，但也有一些是某些C编译系统未曾实现的。考虑到通用性，本书列出ANSI C标准建议提供的、常用的部分库函数。对多数C编译系统，可以使用这些函数的绝大部分。由于C库函数的种类和数目很多(例如，还有屏幕和图形函数、时间日期函数、与系统有关的函数等，每一类函数又包括各种功能的函数)，限于篇幅，本附录不能全部介绍，只从教学需要的角度列出最基本的。读者在编制C程序时可能要用到更多的函数，请查阅所用系统的手册。

1. *数学函数*

使用数学函数时，应该在该源文件中使用以下命令行。

```
# include <math.h>  或  # include "math.h"
```

| 函数名 | 函数原型 | 功能 | 返回值 | 说明 |
|---|---|---|---|---|
| abs | int abs (int x)； | 求整数 $x$ 的绝对值 | 计算结果 | |
| acos | double acos (double x)； | 计算 $\arccos x$ 的值 | 计算结果 | $-1 \leqslant x \leqslant 1$ |
| asin | double asin (double x)； | 计算 $\arcsin x$ 的值 | 计算结果 | $-1 \leqslant x \leqslant 1$ |
| atan | double atan (double x)； | 计算 $\arctan x$ 的值 | 计算结果 | |
| atan2 | double atan2 (double x, double y)； | 计算 $\arctan x/y$ 的值 | 计算结果 | |
| cos | double cos (double x)； | 计算 $\cos x$ 的值 | 计算结果 | $x$ 的单位为弧度 |
| cosh | double cosh (double x)； | 计算 $x$ 的双曲余弦 $\cosh x$ 的值 | 计算结果 | |
| exp | double exp (double x)； | 求 $e^x$ 的值 | 计算结果 | |
| fabs | double fabs (double x)； | 求 $x$ 的绝对值 | 计算结果 | |
| floor | double floor (double x)； | 求出不大于 $x$ 的最大整数 | 该整数的双精度实数 | |

续表

| 函数名 | 函数原型 | 功　能 | 返回值 | 说　明 |
|---|---|---|---|---|
| fmod | double fmod (double x, double y); | 求整除 $x/y$ 的余数 | 返回余数的双精度数 | |
| frexp | double frexp(double val, int * eptr); | 把双精度数 val 分解为数字部分(尾数)$x$ 和以 2 为底的指数 $n$,即 val$=x \cdot 2^n$ | 返回数字部分 $x$ | $0.5 \leqslant x < 1$ |
| log | double log (double x); | 计算 $\log_e x$ 即 $\ln x$ 的值 | 计算结果 | |
| log10 | double log10 (double x); | 计算 $\log_{10} x$ 的值 | 计算结果 | |
| modf | double modf(double val, int * iptr); | 把双精度数 val 分解为整数部分和小数部分,把整数部分存在 iptr 指向的单元 | val 的小数部分 | |
| pow | double pow (double x, double y); | 计算 $x^y$ 的值 | 计算结果 | |
| rand | int rand (void); | 产生－90～32767 间的随机整数 | 随机整数 | |
| sin | double sin (double x); | 计算 $\sin x$ 的值 | 计算结果 | $x$ 的单位为弧度 |
| sinh | double sinh (double x); | 计算 $x$ 的双曲正弦函数 $\sinh(x)$的值 | 计算结果 | |
| sqrt | double sqrt (double x); | 计算$\sqrt{x}$的值 | 计算结果 | $x \geqslant 0$ |
| tan | double tan (double x); | 计算 $\tan x$ 的值 | 计算结果 | $x$ 的单位为弧度 |
| tanh | double tanh (double x); | 计算 $x$ 的双曲正切函数 $\tanh x$ 的值 | 计算结果 | |

2. 字符函数和字符串函数

ANSI C 标准要求在使用字符串函数时要包含头文件 string. h,在使用字符函数时要包含头文件 ctype. h。有的 C 编译不遵循 ANSI C 标准的规定,而用其他名称的头文件。请使用时查有关手册。

| 函数名 | 函数原型 | 功　能 | 返回值 | 包含文件 |
|---|---|---|---|---|
| isalnum | int isalnum (int ch); | 检查 ch 是否是字母(alpha)或数字(numeric) | 是字母或数字返回 1;否则返回 0 | ctype. h |
| isalpha | int isalpha (int ch); | 检查 ch 是否字母 | 是,返回 1;不是,则返回 0 | ctype. h |
| iscntrl | int iscntrl (int ch); | 检查 ch 是否控制字符(其 ASCII 码在 0 和 0x1F 之间) | 是,返回 1;不是,返回 0 | ctype. h |
| isdigit | int isdigit (int ch); | 检查 ch 是否数字(0～9) | 是,返回 1;不是,返回 0 | ctype. h |

续表

| 函数名 | 函数原型 | 功　　能 | 返回值 | 包含文件 |
|---|---|---|---|---|
| isgraph | int isgraph (int ch); | 检查 ch 是否可打印字符(其 ASCII 码在 ox21 到 ox7E 之间),不包括空格 | 是,返回 1;不是,返回 0 | ctype. h |
| islower | int islower (int ch); | 检查 ch 是否小写字母(a～z) | 是,返回 1;不是,返回 0 | ctype. h |
| isprint | int isprint (int ch); | 检查 ch 是否可打印字符(包括空格),其 ASCII 码在 ox20 到 ox7E 之间 | 是,返回 1;不是,返回 0 | ctype. h |
| ispunct | int ispunct (int ch); | 检查 ch 是否标点字符(不包括空格),即除字母、数字和空格以外的所有可打印字符 | 是,返回 1;不是,返回 0 | ctype. h |
| isspace | int isspace (int ch); | 检查 ch 是否空格、跳格符(制表符)或换行符 | 是,返回 1;不是,返回 0 | ctype. h |
| isupper | int isupper (int ch); | 检查 ch 是否大写字母(A～Z) | 是,返回 1;不是,返回 0 | ctype. h |
| isxdigit | int isxdigit (int ch); | 检查 ch 是否一个十六进制数字字符(即 0～9,或 A 到 F,或 a～f) | 是,返回 1;不是,返回 0 | ctype. h |
| strcat | char * strcat (char * str1, char * str2); | 把字符串 str2 接到 str1 后面,str1 最后面的'\0'被取消 | str1 | string. h |
| strchr | char * strchr (char * str, int ch); | 找出 str 指向的字符串中第一次出现字符 ch 的位置 | 返回指向该位置的指针,如找不到,则返回空指针 | string. h |
| strcmp | int strcmp (char * str1, char * str2); | 比较两个字符串 str1,str2 | str1＜str2,返回负数;str1 = str2,返回 0;str1＞str2,返回正数 | string. h |
| strcpy | int strcpy (char * str1, char * str2); | 把 str2 指向的字符串复制到 str1 中去 | 返回 str1 | string. h |
| strlen | unsigned int strlen (char * str); | 统计字符串 str 中字符的个数(不包括终止符'\0') | 返回字符个数 | string. h |
| strstr | int strstr (char * str1, char * str2); | 找出 str2 字符串在 str1 字符串中第一次出现的位置(不包括 str2 的串结束符) | 返回该位置的指针,如找不到,返回空指针 | string. h |
| tolower | int tolower (int ch); | 将 ch 字符转换为小写字母 | 返回 ch 所代表的字符的小写字母 | ctype. h |
| toupper | int toupper (int ch); | 将 ch 字符转换成大写字母 | 与 ch 相应的大写字母 | ctype. h |

3. 输入输出函数

凡用以下的输入输出函数,应该使用# include<stdio. h>把 stdio. h 头文件包含到源程序文件中。

| 函数名 | 函 数 原 型 | 功 能 | 返 回 值 | 说 明 |
|---|---|---|---|---|
| clearerr | void clearerr (FILE * fp); | 使fp所指文件的错误，标志和文件结束标志置0 | 无 | |
| close | int close (int fp); | 关闭文件 | 关闭成功返回0；否则返回-1 | 非ANSI标准 |
| creat | int creat (char * filename, int mode); | 以mode所指定的方式建立文件 | 成功则返回正数；否则返回-1 | 非ANSI标准 |
| eof | Int eof (int fd); | 检查文件是否结束 | 遇文件结束，返回1；否则返回0 | 非ANSI标准 |
| fclose | int fclose (FILE * fp); | 关闭fp所指的文件，释放文件缓冲区 | 有错则返回非0；否则返回0 | |
| feof | int feof (FILE * fp); | 检查文件是否结束 | 遇文件结束符返回非零值；否则返回0 | |
| fgetc | int fgetc (FILE * fp); | 从fp所指定的文件中取得下一个字符 | 返回所得到的字符，若读入出错，返回EOF | |
| fgets | char * fgets (char * buf, int n, FILE * fp); | 从fp指向的文件读取一个长度为(n-1)的字符串，存入起始地址为buf的空间 | 返回地址buf，若遇文件结束或出错，返回NULL | |
| fopen | FILE * fopen (char * format, args, ...); | 以mode指定的方式打开名为filename的文件 | 成功，返回一个文件指针（文件信息区的起始地址）；否则返回0 | |
| fprintf | int fprintf (FILE * fp, char * format, args, ...); | 把args的值以format指定的格式输出到fp所指定的文件中 | 实际输出的字符数 | |
| fputc | int fputc (char ch, FILE * fp); | 将字符ch输出到fp指向的文件中 | 成功，则返回该字符；否则返回非0 | |
| fputs | int fputs (char * str, FILE * fp); | 将str指向的字符串输出到fp所指定的文件 | 成功返回0；若出错返回非0 | |
| fread | int fread (char * pt, unsigned size, unsigned n, FILE * fp); | 从fp所指定的文件中读取长度为size的n个数据项，存到pt所指向的内存区 | 返回所读的数据项个数，如遇文件结束或出错返回0 | |
| fscanf | int fscanf (FILE * fp, char format, args, ...); | 从fp指定的文件中按format给定的格式将输入数据送到args所指向的内存单元(args是指针) | 已输入的数据个数 | |

续表

| 函数名 | 函数原型 | 功能 | 返回值 | 说明 |
|---|---|---|---|---|
| fseek | int fseek (FILE * fp, long offset, int base); | 将fp所指向的文件的位置指针移到以base所给出的位置为基准、以offset为位移量的位置 | 返回当前位置；否则，返回－1 | |
| ftell | long ftell (FILE* fp); | 返回fp所指向的文件中的读写位置 | 返回fp所指向的文件中的读写位置 | |
| fwrite | int fwrite (char * ptr, unsigned size, unsigned n, FILE * fp); | 把ptr所指向的n * size个字节输出到fp所指向的文件中 | 写到fp文件中的数据项的个数 | |
| getc | int getc (FILE* fp); | 从fp所指向的文件中读入一个字符 | 返回所读的字符，若文件结束或出错，返回EOF | |
| getchar | int getchar (void); | 从标准输入设备读取下一个字符 | 所读字符。若文件结束或出错，则返回－1 | |
| getw | int getw (FILE* fp); | 从fp所指向的文件读取下一个字(整数) | 输入的整数。如文件结束或出错，返回－1 | 非ANSI标准函数 |
| open | int open (char* filename, int mode); | 以mode指出的方式打开已存在的名为filename的文件 | 返回文件号(正数)；如打开失败，返回－1 | 非ANSI标准函数 |
| printf | int printf (char* format, args, …); | 按format指向的格式字符串所规定的格式，将输出表列args的值输出到标准输出设备 | 输出字符的个数，若出错，返回负数 | format可以是一个字符串，或字符数组的其实地址 |
| putc | int putc (int ch, FILE * fp); | 把一个字符ch输出到fp所指的文件中 | 输出的字符ch，若出错，返回EOF | |
| putchar | int putchar (char ch); | 把字符ch输出到标准输出设备 | 输出的字符ch，若出错，返回EOF | |
| puts | int puts (char* str); | 把str指向的字符串输出到标准输出设备，将'\0'转换为回车换行 | 返回换行符，若失败，返回EOF | |
| putw | int putw (int w, FILE * fp); | 将一个整数w(即一个字)写到fp指向的文件中 | 返回输出的整数，若出错，返回EOF | 非ANSI标准函数 |
| read | int read (int fd, char * buf, unsigned count); | 从文件号fd所指示的文件中读count个字节到由buf指示的缓冲区中 | 返回正真读入的字节个数，如遇文件结束返回0，出错返回－1 | 非ANSI标准函数 |

续表

| 函数名 | 函数原型 | 功能 | 返回值 | 说明 |
|---|---|---|---|---|
| rename | int rename (char * oldname, char * newname); | 把由 oldname 所指的文件名,改为由 newname 所指的文件名 | 成功返回 0; 出错返回－1 | |
| rewind | void rewind (FILE * fp); | 将 fp 指示的文件中的位置指针置于文件开头位置,并清除文件结束标志和错误标志 | 无 | |
| scanf | int scanf (char * format, args, …); | 从标准输入设备按 format 指向的格式字符串所规定的格式,输入数据给 args 所指向的单元 | 读入并赋给 args 的数据个数,遇文件结束返回 EOF,出错返回 0 | args 为指针 |
| write | int write (int fd, char * buf, unsigned count); | 从 buf 指示的缓冲区输出 count 个字符到 fd 所标志的文件中 | 返回实际输出的字节数,如出错返回－1 | 非 ANSI 标准函数 |

4. *动态存储分配函数*

ANSI 标准建议设 4 个有关的动态存储分配的函数,即 calloc、malloc、free、realloc。实际上,许多 C 编译系统实现时,往往增加了一些其他函数。ANSI 标准建议在 stdlib. h 头文件中包含有关的信息,但许多 C 编译系统要求用 malloc. h 而不是 stdlib. h。读者在使用时应查阅有关手册。

ANSI 标准要求动态分配系统返回 void 指针。void 指针具有一般性,它们可以指向任何类型的数据。但目前有的 C 编译所提供的这类函数返回 char 指针。无论以上两种情况的哪一种,都需要用强制类型转换的方法把 void 或 char 指针转换成所需的类型。

| 函数名 | 函数原型 | 功能 | 返回值 |
|---|---|---|---|
| calloc | void * calloc (unsigned n, unsign size); | 分配 n 个数据项的内存连续空间,每个数据项的大小为 size | 分配内存单元的起始地址,如不成功,返回 0 |
| free | void free (void * p); | 释放 p 所指的内存区 | 无 |
| malloc | void * malloc (unsigned size); | 分配 size 字节的存储区 | 所分配的内存区起始地址,如内存不够,返回 0 |
| realloc | void * realloc (void * p, unsigned size); | 将 p 所指出的已分配内存区的大小改为 size,size 可以比原来分配的空间大或小 | 返回指向该内存区的指针 |

# 参考文献

[1] 谭浩强. C语言程序设计[M]. 2版.北京：清华大学出版社，2008.
[2] 王彩霞，任岚. C语言程序设计项目化教程[M].北京：清华大学出版社，2012.
[3] 李学刚，杨丹，张静，等. C语言程序设计[M].北京：高等教育出版社，2013.
[4] Ian Sommerville.软件工程(英文版)[M].6版.北京：机械工业出版社，2003.
[5] 齐志昌，谭庆平，宁洪.软件工程[M]. 3版.北京：高等教育出版社，2012.